最新

食品業界大研究

小西慶太［著］

はじめに

本書は、これから食品業界を目指す学生・社会人の方々、食品業界について強い興味・関心を持っている方々、現在食品業界で活躍されている方々のために、この業界の全体像と最新情報を簡潔にまとめたものである。

本書の前身は年度版の『産業と会社研究シリーズ　食品』で、1990年3月に初めての版が刊行され、2018年まで毎年刊行された。今、最初期の本を開くと、さすがに時代を感じさせる内容となっている。そもそも就活のスタイルも現在とはまったく違う。インターネット以前の世界だったからだ。

それでも、意外に変わっていない部分も多い。中でも不変と思われるのが、ものづくり、人々の健康と幸せのために情熱を捧げる食品業界人の姿勢である。今でも読み返すと胸が熱くなる。

この間、多くの人たち、食品業界のプロフェッショナルたちと取材の場を通じて出会ってきた。熱っぽく仕事と人生を語るひとことひとことが食品業界の多面的な構造を照らし出し、働く意味を解き明かしていく。何か大切な秘密を聞かされているような気がしたものだ。

今回、判型と構成を改め、新たに業界大研究シリーズに加わるにあたり、この仕事人取材のページと食品業界の歴史のページをとくに拡充した。仕事の最前線をヴィヴィッドに伝えたかったことと、長い歴史的視座の中で食品業界を捉えてほしかったことがその狙いである。

今、食品業界の存在感はますます高まっている。就活に臨む学生・社会人の方々は、さまざまな業界を比較し、それぞれの可能性を探っていることと思う。かつてはどちらかといえば地味なイメージもあった食品業界だが、今や先進的かつ挑戦的なカラーが濃くなった。この先に広がっているのはグローバル市場の未知の可能性なのだ。

本書が食品業界の魅力と可能性、そしてあなた自身との接点を発見する一助となれば幸いである。

小西慶太

2019年12月

目次

食品業界最新動向

Chapter 2

食品業界の基礎知識

Chapter 3

食品業界の歴史

食品業界の主要企業

Chapter 5 食品業界の仕事人たち

Chapter 6
食品業界に入るには

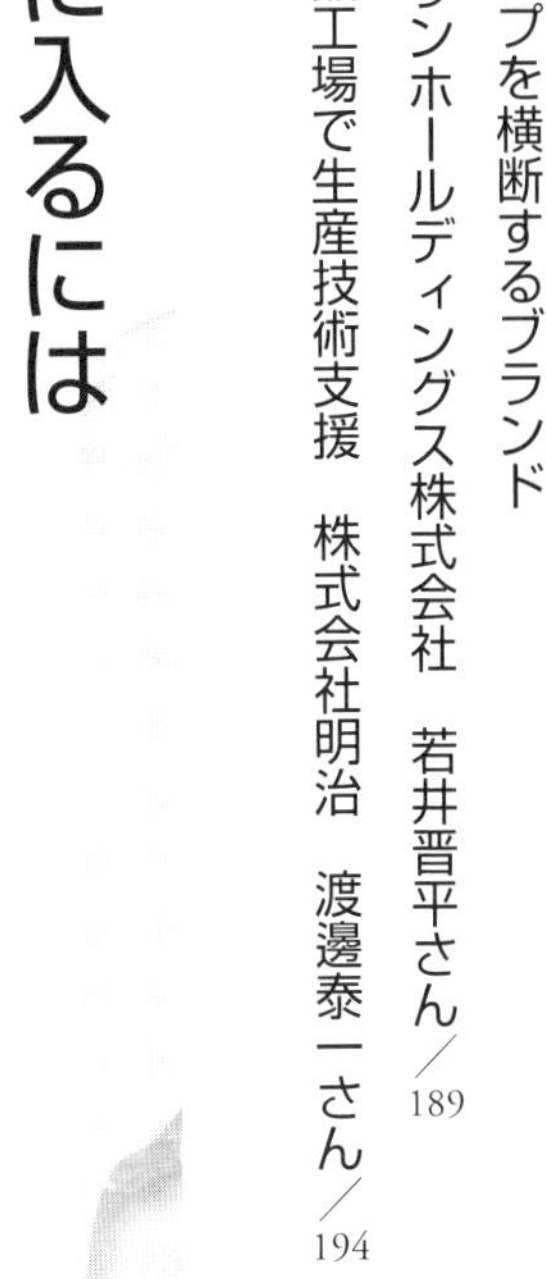

Chapter 7
世界の食品企業

カバーデザイン：内山絵美（有）釣巻デザイン室
本文デザイン：野中賢（株）システムタンク

Chapter 1

食品業界最新動向

1 種子法廃止

なぜ種子法が廃止されたのか

2018年4月1日をもって「種子法（主要農作物種子法）」が廃止された。

種子法は、1952年に制定された法律で、わが国の主要な作物であるコメ、麦、大豆などの種子の生産・普及について国や都道府県が責任を持つことを定めている。

この法律を根拠として、都道府県は地域の風土に合った優秀な種子を開発・管理し、安価に供給することで、農家の生産を支えてきた。栽培用の種子を採取するためにまく種子となる「原種」と、原種の大もとである「原原種」の栽培・生産を担ってきたのは、農業試験場をはじめとする都道府県の公的試験研究機関であり、その予算は種子法に基づき国が手当てしてきたのである。

しかし17年4月の通常国会において、政府が提出した同法の廃止法案が成立したのだ。長年にわたって日本の食を支えてきたこの法律がなぜ廃止されることになったのか。

その理由は、種子法が「民間企業が種子産業に参入する障壁になっている」というものだ。つまり、農業競争力を強化するための規制緩和の一環だが、その背景には政府が進めようとしていたTPP（環太平洋経済連携協定）がある。

TPPは単純に貿易上の関税を撤廃しようというだけの協定ではなく、経済上の障壁を取り除いて自由化しようというグローバル化推進の取り組みだが（TPPについては後述）、その参加環境を急いで整備する過程で、種子法がＴＰＰにおける「自由な競争を阻害する非関税障壁」の１つとしてピックアップされたようなのだ。

種子法廃止でどうなるのか

では、種子法廃止によって、どのような状況になるのか。それはまだ正確にはわかっていない。しかし、種子法廃止に反対する人々は次のような点を不安視する。

種子法の廃止により、都道府県が種子を開発するための予算確保が困難になる。その結果、民間企業が多く参入する。これは競争力強化を意味するが、競争力が強化されるということは、生産規模の小さい銘柄が集約されていくということだ。

それが進むと、これまでの多様な国内の品種は強大な多国籍企業の品種に置き換わっていく。農家が従来の品種を作り続けたいと考えても、各都道府県が開発・生産をやめれば種子が手に入らないからだ。そして、多国籍企業の種子を一般農家は買わざるをえなくなり、多種多様な種子が失われる。

それとともに、種子価格の高騰や、遺伝子組み換え種子が多く出回るなどして、中長期的には日本の米、麦、大豆などが多国籍企業に支配されてしまうのではないか――。

種子法廃止の意味は？

19年の時点で、日本のコメの種子市場に多国籍企業は進出していない。しかし、米国は日本の主要農作物の種子が国によって保護され、民間に開放されていないとして、これを問題視している。ＷＴＯが定める「公正かつ公平な貿易の原則」に反しているのではないか、というのだ。

いずれにせよ、種子法廃止は農業政策の大きな転換を意味している。多様な品種・種子を守ることができるのか。日本の食が１つの岐路に立っていることは間違いない。そしてそれは食品業界の明日を大きく左右するものでもあるだろう。

2 日欧EPAとTPP11

日欧EPAとは何か

２０１８年7月17日、日本と欧州連合（ＥＵ）は、世界最大規模の自由貿易圏を生み出す経済連携協定（ＥＰＡ）に署名した。発効により工業製品の関税は段階的に、または即時撤廃され、農林水産品についても多くが撤廃される。人口6億人、世界の国内総生産（ＧＤＰ）の３分の１近くを占める経済圏が誕生することになるのだ。

17年12月に最終合意となってにわかに注目が集まったこの日欧ＥＰＡだが、実は13年から4年間にわたって、ＴＰＰの迷走と並行して秘密交渉が続けられていた。日欧ＥＰＡは、ＴＰＰ同様、関税だけでなくサービス貿易や金融、投資、食の安心・安全、知的財産など多くのルール分野が含まれている。

明らかになっている合意内容としては、ＥＵの日本向け輸出品ではたとえばチーズやワインの関税について段階的におよそ99％まで撤廃（即時撤廃はワイン、カマンベールとモッツァレラの一定枠内で低率関税など）。一方、日本がＥＵに輸出する品目では、自動車の10％が8年目に撤廃、大半の自動車部品（ブレーキ４・５％が即時撤廃）、緑茶（３・２％即時撤廃）といった関税撤廃が決まっている。

日欧EPA発効でどう変わる？

では、この協定が発効するとどうなるのか。よく目にするのは、ワインやチーズなど欧州産食品が値下がりするという報道だ。関税削減分がそのまま店頭価格に反映されるわけではないが、消費者が日常生活でチーズやワインなどの低価格化を実感することは確かだろう。

さらに、競合する国産品にも価格低下圧力がかかってくる。つまり、消費者や小売流通業界にとってはひとまずプラス要因となるが、国内の畜産農家やメーカーにとっては苦しい状況になるわけだ。

19年2月の発効直後、前年同月比で豚肉が54％、ワインが24％、チーズが30％増加し、その後も同様の傾向が続いている。

日欧EPAも日本の食を変える

長期的・マクロ的には、この日欧EPAによって、GDPがEUでは0・8ポイント、日本では0・3％ポイント押し上げられると試算されている。自由貿易協定が日欧双方にWin‐Winの結果をもたらすだろうというのだ。しかし、このメリットも、こうした自由貿易に対抗して米トランプ政権が打ち出している保護貿易的施策である追加関税発動によって、ほとんど帳消しになるともいう。

ただし、EUの対日主要輸出品は乳製品であり、日本からの主力輸出製品は自動車であることにも注意が必要である。乳製品に加えて牛肉、豚肉、パスタ、チョコレート菓子なども関税削減によって日本へ入ってくる量が増えるだろう。日本農業はかつてない国際競争にさらされるとともに、食品メーカーもこれまでとは異なる環境での戦いを余儀なくされることになる。

TPP11の規模は？

2018年3月8日、チリの首都サンティアゴでTPP（環太平洋経済連携協定）参加国11カ国は、米国抜きの新協定「包括的かつ先進的なTPP（Comprehensive and Progressive Agreement for Trans-Pacific Partnership＝CPTPP）」に署名した。参加国全体で99％の品目で関税を撤廃するとともに、投資やサービスの自由化、知的財産権の保護など幅広い分野で高水準のルールを設定する協定である。

参加国は、オーストラリア、ブルネイ、カナダ、チリ、日本、マレーシア、メキシコ、ニュージーランド、ペルー、シンガポール、ベトナム。CPTPPは参加国数からTPP11ともいわれ、これで世界GDPの13％、貿易額15％、域内人口5億人をカバーする巨大な自由貿易圏となる。経済規模はASEAN（東南アジア諸国連合）の4倍だ。

注目すべきは今後の成長率で、国際通貨基金（IMF）の見通しによると、TPP11域内GDPは23年に18年比26％増の14・3兆ドルになる。さらに、タイが参加準備を進め、韓国や台湾も関心を示しているというから、規模はさらに拡大する可能性がある。ちなみに英国が離脱を表明したEU（欧州連合）は6％増、トランプ米政権が再交渉を進めるNAFTA（北米自由貿易協定）は22％増だ。

米国抜きになった理由

しかし本来、TPPは米国と日本を中心とした協定のはずだった。なにしろ交渉12カ国のGDPのおよそ60％を米国が占めていたのだから。実際、米国と日本が参加しなければ成立しない協定だったのだ。ではなぜTPP11に米国が参加していないのか。

もともとTPPは、06年にシンガポール、ニュージーランド、チリ、ブルネイの4カ国が貿易や投資を自由化する経済連携協定としてスタートさせたもの。10年になって米国、オーストラリア、ベトナム、ペルーが加わり拡大交渉が始まった。同年にはマレーシアも参加交渉国に。さらに13年夏までにカナダ、メキシコ、日本が参加し、全12カ国が交渉を続けてきた。

振り返れば、12年末に初めて最終妥結を目指してから、毎年のように年末妥結を目標にすることを繰り返していたTPPがついに大筋合意に至ったのは15年10月のアトランタ閣僚会合においてだった。

ようやく協定発効まで残りわずかかと思われたが、米国が16年11月の大統領選挙を控えていた。推進派だったオバマ大統領に対し、クリントン候補もトランプ候補もTPP反対の立場を明らかにしていたのである。これが1年前の状況で、まさにＴＰＰの行方はどちらに転がるとも読めなかった。

その後、オバマ大統領は在任中に議会で承認手続きを進めることができず、選挙戦ではＴＰＰに対してより強硬な反対論者だったトランプ候補が大方の予想に反して勝利した。

そして、17年1月に就任したトランプ新大統領は、「アメリカがＴＰＰ交渉から永久に離脱することを指示する」と記した大統領令に署名。米国はＴＰＰの枠組みから完全離脱し、交渉参加国と1対1の2国間で経済連携協定を交渉することに大きく舵を切ったのだった。

米国復帰を待望するが……

これでＴＰＰは消滅、と思いきや、17年4月になって日本政府がＴＰＰを米国抜きで発効させる方針を明らかにした。米国の離脱により従来の形での発効は不可能になったのだが、ＷＴＯ（世界貿易機関）の前身であるＧＡＴＴ（関税貿易一般協定）の先例を参考に、別途議定書を結び、合意した国にのみＴＰＰを適用するという新しい枠組みでリスタートしたのである。

5月には米国を除く11カ国がベトナムで閣僚会合を開催し、共同声明を発表した。その内容には、11カ国でＴＰＰの早期発効を目指すことに加えて、米国の復帰を促すことも明記されていた。

しかし、その後も米トランプ政権は保護主義色を強め、18年夏には中国やＥＵ、メキシコなどに対して関税を引き上げるなどの強硬策をとる。とくに米中間では貿易戦争ともいうべき局面に突入、世界経済への大きなリスクとなっている。一方で完全離脱したＴＰＰに対して、自国に有利な再交渉を条件に復帰する含みも見せる。

もし米国が戻ればＴＰＰの経済規模は3倍、世界ＧＤＰの4割を占める巨大な自由経済圏が誕生するが、トランプ大統領の行動はほぼ予測不能である。

TPPとTPP11の違いは?

もともとTPPは、参加国の間で輸出入にかかってくる関税をほぼ例外なく撤廃しよう、経済上の障壁を取り除いて自由化しようという協定だ。大きな流れではグローバル化の一環で、物も人もサービスも国境を越えて自由に行き来できるような、アジア太平洋地域の広域経済圏の確立を目的とした取り組みである。

理論的には、自由貿易は各国相互の利益になるといわれるが、現実的には各国個別の事情もあり、関税と市場ルールをどのように定めるかによって、各国の利害は必ずしもイーブンにはならない。

しかもTPPの関わる分野は、工業製品や農産物の貿易から金融サービス、知的財産、投資、公共事業に関わるルールに至るまで非常に幅広い。他国から「不公平」と指摘され、国内の規制を緩和せざるをえなくなる可能性もある。交渉の過程では利害調整のためにどこかで妥協することは避けられないが、その分野の国内関係業界にとっては死活問題に直結することもあるのだ。

このため交渉は複雑化し、協議内容は非公開で守秘義務も課せられるなど厳重な情報管理下に置かれた。ほとんど内容が明かされないまま秘密裏のうちに交渉が進んだといっていい。さらに細かなルールは膨大な量になるため、なかなか全貌を把握するのは難しい。

概要としては、日本の全貿易品目（9321品目）のうち、TPP11で最終的に関税をなくす割合を示す撤廃率は約95%。農産物のほぼ全ての品目で関税がいずれゼロになる。食に関わる2328品目の農林水産物のうち、関税撤廃するのは1885品目で、関税撤廃率は81%。このうち即時撤廃率は51・3%だ。こうした関税についての条項はもとのTPPからの修正はない。

一方、旧TPPは、企業活動の促進という目的で、世界貿易機関（WTO）が整備していない電子商取引、サービス、人の移動に関する新たなルールも採用していた。この中で貿易・投資ルール分野の著作権保護など22項目の実施を米国復帰まで凍結する、という点が新ＴＰＰ11の特徴となっている。

国内農業への影響は？

ＴＴＰ交渉では農産品の関税が大きな焦点だった。国産品の価格は輸入品の2～4倍するため、輸入品に高い関税をかけて国産品＝農家を守ってきたからだ。関税がなくなれば、安価な輸入品が大量に国内へ入ってくる。消費者にとっては商品価格が下がるというメリットがあるが、国内の生産農家は壊滅状態になってしまう。食の基本的な部分の国外依存度が急激に高まってしまうことになるわけだ。とくに米、麦、牛・豚肉、乳製品、砂糖については絶対に守るべき「聖域」として「重要5品目」とされた。

この重要5品目は細かく分類すると586品目になる。このうち174品目は関税が撤廃される。例を挙げると、米ではビーフンやシリアル、麦ではビスケットやクッキー、牛肉では牛タン、豚肉ではソーセージなどの加工品だ。重要5品目でも品目にして29・7％が関税撤廃されることになる。

また、関税撤廃を免れた重要品目も、関税削減や輸入枠が設定される。もともと旧ＴＰＰでは米について米国と豪州にＳＢＳ（売買同時入札）方式の輸入枠を設定していたが、ＴＰＰ11では豪州向けの8400トンが発効することになる。牛肉は38・5％の関税が16年目に9％まで削減される。このように、ＴＰＰ11に参加していない米国には適用されず、豪州が対日輸出において有利な条件となるわけだ。だから米国には復帰を呼びかけるというのが日本政府の立場だが、通商交渉は2国間で行うという米国の方針により、ＦＦＲ（自由で公正かつ相互的な貿易取引のための協議）のテーブルに引きずり出されている。鉄鋼、自動車、防衛装備品などとの兼ね合いもあるが、米国が米や牛肉について豪州並み、またはそれ以上の自由化を求めて圧力をかけてくる可能性も否定できない。

乳製品はＴＰＰ枠として脱脂粉乳・バターの低関税輸入枠を設定。生乳換算で6万トン（発効時、6年目以降7万トン）となっている。この枠も米国分を踏まえた縮小はしていないため、ニュージーランドや豪州は、より日本市場に輸出しやすくなる。豚肉も関税が削減され、麦も輸入差益（マークアップ）が削減されるほか、小麦で国別枠（米国、豪州、カナダ）を設定、砂糖も加糖調整品などの関税撤廃・削減が行われる。

また、牛・豚肉については、国内生産者を保護するため、輸入急増時には関税を引き上げるしくみ「緊急輸入制限（セーフガード）」が導入されるが、輸入量全体の約4割を占める米国産の輸入実績をＴＰＰ参加国分として計上しなければ、発動基準（初年度59万トン）に達しにくくなるという指摘もある。

カナダ政府はＴＰＰ11で農林水産物を中心として対日輸出が８・６％、約１４４９億円増えると試算している。豚肉は約５２４億円で36％増、牛肉は約３１０億円で94・５％増を見込む。これに対して日本政府は、ＴＰＰ11が発効しても国内生産は維持され自給率に問題ないというのだが……。

食の安全性はどうなる？

食の安全確保についての問題も懸念されている。たとえば「輸入食品の輸入手続きを原則48時間で行わなければならない（現状は平均92時間かけて検疫所を通過する）とする円滑化規定」「意図しない遺伝子組み換え作物（ＧＭ）の混入があった場合も突き返せず協議するという規定」「食品の安全性を検討する際に予防原則に基づく安全性審査ではなく、安全かどうかまだ科学的に結論が出ていないものについては明確に危険だと証明しなければ規制できないという規定」「食品表示で義務表示など強制力のあるルールを作る場合には、輸出国や企業なども利害関係者として関与できる規定」などだ。

米国の関与、２国間協議、そして政府の対策など、まだまだ先は読めないＴＰＰ11だが、「食のグローバル化」が急速に進展し、日本の「食」を大きく変えつつあることだけは間違いない。

日米貿易協定FTA合意へ

２０１９年９月、日米貿易協定が最終合意に至り、両国首脳による署名式が行われた。

ＴＰＰを離脱したトランプ大統領の狙いは、対日貿易赤字の削減と、自身の支持基盤である米農業従事者に恩恵をもたらす包括的な貿易協定の締結である。大統領は自動車関連の追加関税発動をほのめかして日本に圧力をかけながらの交渉となっていた。

焦点となっていた自動車関税については、今回、明確な結論は出ず、継続審議となった。

一方、日本が牛肉や豚肉などの70億ドル（約７５００億円）相当の米農産品に対する関税を引き下げ、米国産の小麦・大麦の値上げ幅を削減。米国はその引き換えとして、日本の農産品４０００万ドル（約43億円）相当に対する関税を引き下げ、日本産の牛肉に対する関税割当を緩和する、ということになった。

日本側から見れば、ＴＰＰ協定の水準を超えない範囲で米国が求める農産品の市場開放に応じた、一方で、結果的に米国の譲歩を勝ち取ったという見方の一方で、日本車と自動車部品の関税撤廃については不透明になり、米国に押し込まれたという見方もある。

いずれにせよ、日本の農林水産業にとって、厳しい時代が迫りつつあるということだけは確かだろう。

９月26日に農林水産省が発表した『「日米貿易協定」の最終合意について』（農林水産大臣談話）には、その最後に以下のような記述がある。

『ＴＰＰ11、日ＥＵ・ＥＰＡ協定に続く今回の日米貿易協定の最終合意により、我が国は名実共に新たな国際環境に入ります。農林水産省としては、農林漁業者をはじめとする国民の皆様の懸念と不安を払拭するため、合意内容について説明を尽くしてまいります。また、強い農林水産業・農山漁村をつくりあげるため、我が国農林水産業の生産基盤を強化するとともに、新市場開拓の推進等万全の対策を政府一体となって講じてまいりますので、国民の皆様の御理解と御協力をお願いいたします。』

はたして日本の食を守ることができるのか。

3 食品原料・産地表示

原産地の表示義務化大きく拡大

2017年9月1日、消費者庁は食品表示法の食品表示基準を改正し、全ての加工食品の一番多い原材料について原料原産地表示を義務付けた。これまで漬物など一部の加工食品に限定されていた原料原産地表示が、22年3月末までの移行期間を経て全加工商品に適用されることになる。

重量割合1位の原材料の原産地表示義務化がポイントだが、原産地が複数国にまたがる場合は重量順に国名を記す。

ただ、実際の製造現場の状況を考慮し、過去の使用実績などの根拠を示せれば「A国またはB国」と併記、3カ国以上を「輸入」とする例外も認める。条件により「輸入または国産」表示も可能だ。

食品表示の基本的課題

15年4月に食品表示法が施行され、それ以降の食品表示制度の基盤が固められた。この食品表示法によって、炭水化物、脂質、たんぱく質、ナトリウム（食塩相当量）、熱量の5栄養成分の表示が義務化されたのだ。ただ、ビタミンやミネラルなど他の栄養成分の表示義務はなく、1日に必要な栄養素と見比べる表示もない。

しかし、欧米先進国では数多くの栄養成分や原材料の比率が表示でわかり、さらに栄養成分表示では1日に必要な栄養素の充足率（パーセント表示）までわかるしくみになっている。日本の食品表示はまだまだ遅れているというのだ。原料原産地表示よりも、アレルギー表示や添加物表示のほうが重要だという意見もある。

原料原産地表示の課題

原料原産地表示については、さまざまな立場により意見が分かれた。たとえば、国産リンゴや国産豚肉などを扱う農協など生産者団体は、国産品の売り上げが伸びるという理由から、義務化を求める。一方で小麦や果汁など輸入品を扱う事業者は、産地が日々変わるのにそのたびに包装を変えることはできない、と主張する。

ＴＰＰ11や日欧ＥＰＡが発効して輸入食料品が急増しているが、かねてよりそうした状況を視野に入れ、消費者団体は国産品を選びたいという理由から表示の義務化を求めていた。対して、輸入の小麦製品を扱う製粉協会は、表示が義務化されたら、逆に国産品の使用は減ると主張。なぜなら、国産小麦は生産量が安定せず、輸入品に比べて、産地や品種によって品質のばらつきが大きい、義務化となれば、産地表示の変更を避ける必要が生じ、品質の安定した輸入小麦を使う頻度が高くなるというのがその理由だ。

結局、例外的な表示を認める結果となったわけだが、見直しの要望などもすでに提出されており、なかなか一筋縄ではいきそうもない。

ゲノム編集食品の表示

２０１９年９月、消費者庁は、ゲノム編集技術で開発した食品について、食品表示を義務化せず、ホームページなどでの任意の情報提供を求める方針を示した。

ゲノム編集とは、あらゆる生物の細胞に含まれているＤＮＡの遺伝情報（ヌクレオチド配列）を自由自在に書き換える技術のことをいう。ゲノム編集で遺伝子の狙った部分を操作すれば、効率よく品種改良ができる。

こうしたゲノム編集食品について、消費者団体などからは食品表示を求める声が強いが、消費者庁は、安全面では従来の品種改良と同程度のリスクであり、科学的にも見分けられないという。

たとえば、規制のない米国からの輸入品を原材料にした加工食品を作る場合に表示を課したとしても、事業者は対応できないわけだ。

このため、厚生労働省はゲノム編集食品について届出制度を定めたが、届け出は任意で、違反しても罰則はない。消費者庁も、食品表示を義務化せずに任意の表示にすることを決定したのである。ただし、外部から加えた遺伝子が残る場合は、従来の遺伝子組み換え食品と同じ扱いで安全性審査がいる。

この方針に対して、消費者団体などが批判の声を上げている。ゲノム編集はまだまだ発展途上の技術で、効率のいい品種改良を実現して農林水産業を大きく変える可能性があるが、反面、まだまだ不明なところも多い。消費者としては、自分の判断で食品を選べるように、情報の表示に一定の基準を設けるべきだという主張にも説得力がある。

ゲノム編集食品への対応については、米国とＥＵでは大きく分かれる。米国は、従来の品種改良と区別できないとして、安全性審査は必要ないとする。表示義務もない。一方、ＥＵでは、遺伝子組み換えと同じ規制を適用すべきという裁判所の判断が下された。

しかし、米国の消費者の間にもゲノム編集食品が表示されないことについての懸念があり、民間の消費者団体が表示を独自に行うという動きが見られる。今後、表示義務がない以上、企業としては、表示するメリット（ゲノム編集による付加価値がアピールできる）があるならば表示、デメリット（不安を感じている消費者が購入しない）があるならば非表示という方向になっていくかもしれない。

最大の問題は、ゲノム編集の場合、科学的に従来の品種改良と区別できないことにある。だから安全なのだという主張と、選ぶ権利は保障されるべきだという主張がぶつかっている。

4 食料自給率と食料安全保障

食料自給率は低率での横ばいが続く

　２０１９年８月、農林水産省は昨年度の食料自給率（カロリーベース）が37％だったと発表した。これは前年度より１％下がり、コメが記録的な不作となった１９９３年度と並んで過去最低となった。

　主な原因としては、日照不足などの天候不順により、最大の産地の北海道で小麦や大豆の生産量が減ったことや、牛肉や乳製品の消費が好調で、輸入が増えていることなどが挙げられている。

　農水省の試算によれば、各国の食料自給率（カロリーベース）はカナダ２６４％、オーストラリア２２３％、アメリカ１３０％、フランス１２７％、ドイツ95％、イギリス63％、イタリア60％など、日本の低さが際立っている。政府は25年に45％に引き上げる目標を掲げているが、実現は困難な状況だ。

　ただし、食料自給率の算出方法には、カロリーベース以外に生産額ベースがある。

　カロリーベースの問題点としては、たとえば、輸入飼料で育った牛や豚や鶏、卵などは、国内で育てられたものだとしても算入しない、食べられずに廃棄された食料も分母に含まれる、といったことが挙げられる。つまり、食品ロスを減らすと自給率が上がるのだ。

　一方、生産額ベースは、それぞれの品目の重さを、生産額を基準にして割り出すものだ。こちらで計算すれば、日本の食料自給率は66％（18年度。17年度も同じ）となり、カロリーベースに比べてずいぶん印象の異なる数字となる。先進国中ではイギリスよりも上位で、カロリーベースのように飛び抜けて低いということにはならない。

とはいえ、長期的に見れば低落傾向にあるのは、カロリーベースと同様であり、輸入に頼るリスクを抱えていることは確かだといえるだろう。

食料安全保障を考える

この20年間ほどで、日本の食品業界は大きく変化した。まず、原材料の多くが国内農業から分離して輸入原料にシフトしたこと。次に、製品生産のしくみが従来の画一生産志向から高付加価値生産志向に転換したこと。そして、製品輸出の大部分が海外生産（海外直接投資）に移行したということである。これは80年代後半以降の急速なグローバル化が後押しした構造的な変化である。

そして、食料自給率が低いということは、当然ながら国民の食を海外からの輸入に依存する割合が高いということになる。すなわち、外部要因の影響を受けやすい。為替レート、国際経済の不安定化、投機資金のグルーバル市場への流入。急速な農地拡大と工業化は、温暖化・気候変動の原因になり、生産量を大きく変動させる。食料需要の爆発的な増加による国際価格の上昇なども不安定要因だ。

日本の食はこうしたますます不安定化する海外の食料に頼らざるをえないのが現状なのである。

平成時代の終わりに追われるように結ばれたさまざまな自由貿易圏協定は、日本の経済全体の行方を大きく変えることになるだろう。そんな変革期にあって人々の健康と楽しみに貢献する食品企業に課せられた使命とは何だろうか。日本の食を守るために何をなすべきか、縮小する国内市場からいかにグローバル市場へ打って出るのか——食品企業にはますます難しい舵取りが求められている。

5 遺伝子組み換え食品の拡大

遺伝子組み換え作物とは何か

遺伝子組み換え（Genetically Modified＝ＧＭ）作物とは、その作物が本来持っていない遺伝子を入れて、新しい性質を持つものに作り換えた作物をいう。従来の品種改良とは異なり、自然の法則のもとではけっしてできないものだ。

世界で初めて商品化されたのは、アメリカで開発された「日持ちのいい」トマトだった。その後、除草剤耐性（除草剤を一面に撒いても、その作物だけ生き残る性質）の大豆や、害虫抵抗性（殺虫性のたんぱく質を作物内部で作り出し、害虫の消化器系を破壊して殺す性質）を持つトウモロコシなどが作られている。

こうした技術は生産効率を飛躍的に高めるため、地球規模での食料難打開のためにも非常に有効だが、一方で特定の企業（その代表が米国の旧モンサント社）が世界の食料生産の鍵を握ってしまう危険性や、環境や人体への安全性を危惧する指摘もされている。また、有機農業や従来型農業と共存できない、持続可能ではないとする見方もある。

日本では１９９６年９月、厚生省（当時）が除草剤耐性大豆など4品目7品種の組み換え作物について安全性を認め、輸入を開始。しかし、２０００年には、未承認の遺伝子組み換えトウモロコシが、米国から輸入されたトウモロコシに混入していたことが判明。01年4月からＧＭ農産物及びそれを原料にした食品の表示と安全性審査が義務付けられた。

ところが、01年5月、ポテトスナック菓子から国内では食品として認可されていない遺伝子組み換えジャガイモが検出された。検出されたのは2種類の遺伝子を挿入し、害虫とウイルスによる病気への抵抗力を強めたもの。米国やカナダでは食品として認可されているが、当時、日本では安全性を審査中で認可されていなかった。翌月には他企業のポテトスナック菓子からも相次いでGMジャガイモが検出。こうした事態を受けて、農水省では03年1月から、これまで遺伝子組み換え食品の義務表示の対象となっていなかったジャガイモ加工品のマッシュポテト、冷凍ジャガイモ、ポテトスナック菓子など5品目を追加する方針を決める。

日本では、メーカーが組み換え作物不使用を積極的にアピールしたこともあり、消費者の間には遺伝子組み換えに対して否定的なイメージが圧倒的に強い。しかし現在、世界的なバイオ燃料ブームや中国など新興国の食肉需要の上昇により穀物価格が高騰する中で、世界的には遺伝子組み換え作物の作付けが急拡大している。とくに米国やカナダ、ブラジル、アルゼンチン、中国などは、国策として遺伝子組み換え作物を積極的に受け入れているが、多くの欧州諸国は拒絶感が高い。

欧州各国は地形も多様で、小規模農業が主流のため、米国や中国で見られる大規模な農業技術の採用を難しくしてきた側面がある。ただし、農業関連産業とそのロビー団体は、収穫量の増加と農業部門の収入拡大につながる遺伝子組み換え作物の導入に積極的だ。彼らは、このままだと欧州は農業革新の最前線から後退することになると警鐘を鳴らしている。一方で健康や環境への影響を懸念する人々も多く、両者の間で対立が生じている。

19年現在、EUで遺伝子組み換え作物を栽培しているのはスペインに集中し、それ以外にはポルトガル、チェコ、ルーマニア、スロバキアなどを数えるのみ。その栽培規模も世界で栽培される0・1%にも満たない。

米国の遺伝子組み換え食品表示法

16年7月29日、オバマ米大統領が「米国遺伝子組み換え食品表示法」に署名し、米国史上初めて遺伝子組み換え食品表示が法律で義務化された。

これまで、米国政府は遺伝子組み換え食品表示に一貫して反対をしてきたが、これは方向転換だったのかといえば、そうとはいいきれないようだ。

米国では全体の8割程度が遺伝子組み換え作物を使用した食品とされるが、安全性への不安から敬遠する動きも広がっている。市民団体などが商品への明示を求めたのに対し、業界側は「安全な遺伝子組み換え食品をわざわざ区別する必要はない」と反対して、対立してきた。

このたび成立した遺伝子組み換え食品表示法は「全米で義務付ける」としながらも、具体的な表示方法として「文字」「記号」「電子、デジタルのリンク」を挙げ、企業が自由に選べるようにした。このため、企業の多くは「リンク」であるQRコード（2次元コード）を選択すると見られている。

すなわち、その食品が遺伝子組み換え作物を使用しているかどうか知りたい消費者はスマホでコードを読み取り、GM情報を確認する必要がある。

遺伝子組み換え表示を改定

食品に「遺伝子組み換えでない」と表示できる基準が23年4月から厳格化される。

現行では原材料の遺伝子組み換え作物が5％以下なら「遺伝子組み換えでない」と表示できるが、改正後は不検出ではないが混入率5％以下の食品は「遺伝子組み換えでない」とは表示できなくなる。表示が認められるのは、遺伝子組み換え作物が「不検出」の場合だけに限る。

従来（現在）は遺伝子組み換え作物が混ざらないように一定の分別管理をしていれば、結果的に5％以下の混入があっても「意図せざる混入」とみなし、「遺伝子組み換えでない」と表示できた。そのため「まったく含まれていないとの消費者の誤解を招く」などと、消費者団体から改善を求める声が出ていた。

ただし、改正後も「混入を防ぐため分別管理されたとうもろこしを使用しています」など任意の表示は認められる。

6 食品包装・容器の安全、フードバンクへの取り組み

食品包装・容器の原材料、規制強化へ

２０１６年８月、厚生労働省は、弁当の容器やレトルト食品のパウチなど食品の包装・容器に使う原材料や添加剤に関する安全規制の強化について「食品用器具及び容器包装の規制に関する検討会」を開催し、検討を始めた。

その背景には食品のグローバル化が進む中、法的競争力を持つ制度の導入により諸外国との国際整合性を図るとともに、輸入品を含めた包装材料の安全管理を一段と強化する狙いがある。

食品の包装・容器は食品衛生法に基づき規格基準が定められている。容器メーカーなどで構成する業界団体が同法の規制よりも厳しい自主基準を設けているが、従わなくても罰則はない。国の機関が許可した物質以外は使えないしくみ（ポジティブリスト方式）を導入して、基準をより厳しくすれば、現行制度の使用が禁じられた物質以外は使えるしくみ（ネガティブリスト方式）よりも安全性が高まることになる。

先行する米国では50年代から許可された物質しか使えない。ＥＵや中国も10年以降、同様の制度を導入している。むしろ日本は遅れたランナーなのだ。また、包装や容器ではないが、東南アジアでも食の安全対策を強化する動きが広がってきている。

16年になってベトナムは食品安全に関する法律の改正を実施、違反者への罰則を厳格化した。カンボジアでも初の食品安全対策法が施行される。こうした動きを受けて、ベトナムに進出しているイオンも

産地表示などを日本並みにした。ここでも消費者の安全に対する意識の高まりと、国境をまたぐ物流が増えて安全を確保する必要性が高まっていることが背景にあるのだ。

フードバンクへの取り組み広がる

食品メーカーや外食産業などでは、品質には問題がないものの、包装不備などで市場での流通が困難になり、商品価値を失った食品が発生する。食べられるにもかかわらず破棄されてしまうこうした食品（食品ロス）の提供を原則として無償で受け、野外生活者や児童施設入居者など生活困窮者に提供して支援する活動やその活動を行う団体をフードバンクという。賞味期限切れなど品質に問題のある食品は対象外だ。

提供を行う企業にとっては、廃棄にかかる費用を抑制できるだけでなく、食品廃棄物の発生を抑えられるなど環境保全への効果がある。さらに福祉活動に貢献しているという面でCSR（企業の社会的責任）の取り組みともなり、企業価値の向上にもつながってくるのだ。

米国ではすでに40年の歴史があるが、日本では02年に本格的な活動を始めたセカンドハーベスト・ジャパンがその先駆けといわれている。15年11月には11団体によって全国フードバンク推進協議会が発足。16年8月現在で17団体が参加している。

近年では自治体と連携する団体も増えてきた。生活者困窮者自立支援制度で設置が義務付けられた自治体の支援窓口に、食料を必要とする人々が相談にやってくるからだ。さらに、教育委員会などと連携して、給食のない長期休暇に困窮家庭の子供に食品を届ける試みなども行われているという。

課題は、フードバンク活動の有無によって、困窮者支援の地域格差が広がる懸念があること、また、支援窓口の運用次第で、実際には生活保護が必要な人を申請から遠ざける水際作戦につながる恐れのあることだ。自治体とNPOなどフードバンク団体の連携が問われるところだが、食品企業も食品を提供する以上に、もっとできることがあるかもしれない。

7 エシカル消費

倫理的で正しい消費活動

「エシカル消費」という耳慣れない言葉に注目が集まっている。エシカルとは英語の ethic（倫理・道徳）の形容詞 ethical のことで、日本語では「倫理的な」「道徳上の」「正しい」などと訳される。

どういうことかといえば、消費者が社会的課題の解決を考えながら消費し、環境への負荷低減や社会貢献などを重視した商品やサービスに沿った消費形態を指すのだそうだ。

具体的には、搾取しないために途上国商品を適正価格で購入するフェアトレード、熱帯雨林で生産されるコーヒー、カカオ、バナナなどの農産物を対象に自然環境や労働環境を支えるしくみのレインフォレスト・アライアンスなどがこれにあたる。さらに、ロハスやオーガニック、ヴィーガン、リサイクル、地産地消まで含めてとらえる考えもある。

エシカルな取り組み

もともと欧州から広まった概念で、日本ではまだエシカル消費という用語は浸透していないが、実際にエシカル商品やサービスの購入に意欲的な消費者は6割を超すというデータもある。

日本生活協同組合連合会は、2019年度に前年度比105％以上を目標としてエシカル消費対応商品の取り扱いを拡大し、これまでも注力してきた分野であるレインフォレスト・アライアンス認証及びRSPO認証（RSPO＝Roundtable on Sustainable Palm Oil　持続可能なパーム油のための円卓会議）の商品をさらに強化している。

とくに食品業界では、エシカル消費に対応した取り組みが目立つ。

たとえば、キーコーヒーはエシカル消費に着目して簡易型レギュラーコーヒーの新商品「ドリップオン　メローブレンド」を2019年秋から発売。これは、レインフォレスト・アライアンス認証農園産コーヒーを30％以上使用するものだ。

また、日本ヒルスコーヒーは、NPO法人IWCAが支援するコーヒーをブレンドした商品を発売。IWCAはコーヒー生産に携わる女性の生産技術や地位向上、持続可能な社会生活の実現を目的として設立されたNPO法人で、製品売上げの0・5％はIWCAに寄付されるという。

スターバックスは、これまで取り組んでいる持続可能でエシカルなコーヒー豆の購買率99％を18年に達成したことにちなみ、9月9日を「エシカルなコーヒーを考える日」とし、全店舗でコーヒー生産地とのつながりを感じる「99キャンペーン」を実施した。

また、セブン‐イレブン・ジャパンは、販売期限が迫った商品へnanacoボーナスポイントを付与し、食品ロスを削減する「エシカルプロジェクト」のテストエリアを拡大し、20年春に全国展開を目指すことを発表した。

このエシカルプロジェクトは、おにぎり、弁当、寿司などの米飯、サンドイッチ、ロールなどの調理パン、レンジめん、スパゲッティなどのめん類その他など、専用工場で製造するオリジナルデイリー商品が対象。販売期限が迫った商品に、エシカルプロジェクト対象商品である「バーコード付シール」を貼り付け、nanacoボーナスポイントを付与することで、食品ロスを削減する施策だ。

今後「エシカル」はさまざまな広がりを見せて広がっていくキーワードになりそうだ。「エシカルフード」が新しいトレンドになるかもしれない。

8 ヴィーガンと肉代替品市場

動物性の食品を避ける人々

肉類を食べるのをやめ、野菜を中心とした食事をする人をベジタリアンという。動物性の食品を全て避ける人はヴィーガンだ（果物しか食べない人をフルータリアン、スープやジュースなどの液体しか摂らない人はリキッダリアンという）。

ヴィーガンにもさまざまなレベルがあるようだが、欧米を中心にして世界的にヴィーガンのライフスタイルが広がっている。日本も訪日観光客の急伸を背景に、食品企業や外食企業がその対応を急いでいるという。

米国の肉代替品市場は約１５００億円、ＥＵで約２０００億円の市場といわれる。日本では２０２２年に16年比で76％増の２５４億円規模になると予測されている（大塚食品調べ）。ヴィーガンだけが肉代替品市場のターゲットではないが、グルテンフリーや低糖質・糖質制限、無添加・オーガニックなどを含めると、肉代替品市場の規模はここまで広がるのである。

食品企業の取り組み

日本では不二製油が大豆ミートを食品メーカーや外食チェーンに向けて供給している。大豆ミートの開発は１９６０年代からと歴史も古く、大豆由来の人工肉素材の国内シェアトップを誇っている。カゴメは業務用で、外食のヴィーガン・ベジタリアン対応のマーケティングを始動した。東京オリンピックをふまえて訪日外国人が増え、開催後も訪日外国人が減らず、ヴィーガン・ベジタリアンが顕在化すると予測。「野菜だし調味料」を業務用チャネル限定で全国発売する。こだわりの野菜だしを原料に使用しており、料理に活用することで野菜の煮込み感を付与できるとしている。

米久は、健康志向に対応した「米久のノンミート」を業務用で発売し、肉代替市場に参入。原料に大豆を使い、カロリーを低減。ハム・ソーセージの製造で培った技術を生かし、従来のノンミート商品を超える「まるでお肉を食べたような満足感」を目指し開発した。

大塚食品は、家庭用に大豆を使った肉不使用「ゼロミート」シリーズの第2弾として、ハンバーグに続く「ゼロミートソーセージタイプ」を関東エリア中心に発売した。

培養肉市販も目の前に

一方で植物由来の原料ではなく、動物の細胞を組織培養することによって得られる肉がある。これは培養肉と呼ばれることが多いが、ラボミート、人工肉、クリーンミートとも呼ばれる（代替肉全般をクリーンミートと呼ぶケースもあるので紛らわしい）。

メリットは、動物を屠殺する必要がない、厳密な衛生管理が可能、食用動物を肥育するのと比べて地球環境への負荷が低い、などだが、現在のところ非常に高価であること、また人工的に生産された肉に対する忌避感が根強いことなどがデメリットだ。

米国では早ければ21年にも商品化されるといわれ、世界でも200以上の企業が培養肉の研究を進めている。牛だけではなく鶏や魚の培養肉の研究も進んでいる。研究の進歩はめざましく、コストは急速に下がっているという。

日本でも19年3月に、培養肉の「ステーキ肉」を日清食品と東京大生産技術研究所が共同開発した。培養肉の技術には細胞を増やして組織を作る手法が転用可能で、iPSなど日本はこの分野のトップレベルだともいわれる。培養肉は「エシカルな肉」として、消費者に受け入れられるだろうか。

9 消費税増税で伸びる市場

ノンアルビールは8%のまま

２０１９年10月から消費税が引き上げられ、新たに軽減税率制度が導入された。８％に据え置かれる対象品目として「酒類と外食を除く飲食料品」がある。つまり、酒類は軽減税率の適用対象外となり、消費税率が10%となるのだ。

しかし、ノンアルビールは軽減税率が適用され8％のまま。軽減税率が適用されない「酒類」は、酒税法で「アルコール度数が１％以上の飲料」と定義されているからだ。

調査会社のアンケートによると、「消費増税後、軽減税率の適用対象となるノンアルコール飲料の飲用は増やしたいか」という質問に対し、「飲用頻度は増えると思う」と回答した人が44・5％もいたという。

実は、ノンアルコール飲料市場は、19年には前年比１０３％と伸長。市場規模は10年前と比較して４倍以上になると推定されている。反面、飲用者はビール類に比べると少なく、まだまだ市場拡大の可能性がある。

近年、急伸するノンアルビールだが、消費増税による割安感で、さらに人気を高めそうなのである。

機能性ノンアルビール

そんな事情を背景に、ビールメーカー各社は「ノンアルコール」カテゴリの強化に乗り出している。

近年の健康志向の高まりから、「〇〇を減らす」

などの「機能性」を謳った商品の提案が増えているのも特徴だ。

サントリービールは、内臓脂肪を減らすという機能性表示食品のノンアルコールビール「からだを想うオールフリー」を19年7月に発売した。ノンアルコールビール飲料に対する健康ニーズに応え、市場のさらなる活性化を図るとしている。

キリンビールは、まだまだ市場拡大の可能性があるとして、おなかまわりの脂肪を減らすという機能性表示食品のノンアルコールビール「キリン　カラダＦＲＥＥ」を10月に発売。サッポロビールも尿酸値を下げるという機能性表示食品のノンアルコールビールを開発中という。

また、アサヒビールはノンアルコールビール「アサヒ　ドライゼロ」の販売が好調に推移。19年上半期の販売実績は前年比１０５・２％と伸びているとして、8月には新商品「アサヒ　ドライゼロライム」を期間限定で発売するなど、引き続き注力していく考えだ。

拡大する中食惣菜市場

同様に軽減税率の対象となる中食惣菜も需要が押し上げられると考えられている。

中食惣菜市場は右肩上がりで成長を遂げている。18年の惣菜市場は9年連続で拡大。市場規模は10兆２５００億円を超えたといわれるが、今後も市場拡大が予測されている。

こうした環境下、業態間で買い物客争奪戦が活発化し始めた。たとえばスーパーマーケットがグローサラント（グロッサリーとレストランを合わせた造語で、主にスーパーで売られている食材を調理して、その場で食べられる飲食業態）を店舗内に設置するなどして外食市場の獲得に乗り出す一方、ドラッグストアは中食や生鮮品の取り扱いを拡大し、外食でもカフェなどが持ち帰り戦略の強化を図りランチ需要の獲得に動く。各業態で惣菜チャネルトップのコンビニエンスストアから買い物客を奪おうとする戦略が本格化しているのだ。

コンビニも対抗策を打ち出している。セブンイレブンでは今期10兆円を超えた中食市場で約14%のシェアを握る強みを生かし、品質向上による差別化に取り組む。ファミリーマートは、約25%だったチルド弁当の構成比を、今期から約40%へと引き上げた。チルドにすることで使える食材の自由度が増し、バラエティも向上したという。ローソンでは「減塩」「低糖質」「添加物削減」を掲げ、健康中食の拡大に取り組む。

こうなると食品メーカーも大きな影響を受ける。惣菜メーカーにはおいしさや品質の向上だけでなく、各店舗や購買シーンごとでの売れ筋を探ることがこれまで以上に求められるようになるからだ。より細やかなマーケティング戦略が求められることになるだろう。

基本的には軽減税率対象の食品ではあるが、このような小売店の戦略や消費者の行動の変化から、新たな商機を見出そうという動きもある。

一例を挙げてみよう。

伊藤ハムは、消費税増税対策として、増税によって外食から中食・内食へのシフトが起こることを想定した。そこで、料理素材として家庭内料理に使える「とろけるチーズ入り鉄板焼きハンバーグ」などを投入。また、食卓に並べられる加工品として、「お肉屋さんの惣菜」シリーズからトンカツアイテムを発売する。スポーツ観戦・家飲み需要への対応では、食感にこだわった厚切りビーフジャーキーや「特級あらびきポークウインナー チョリソー」を発売する。また、「買い置き需要」に対応して、「クイックディナー」シリーズからレトルトタイプの「ビーフシチュー」「やわらか角煮」を大袋（各3パック入り）で展開する。

きめ細かな商品企画と販売展開で、消費者の手が伸びるかどうかが分かれる。世の中が変化していく限り、新しいチャンスは生まれ続けるのだ。

Chapter 2

食品業界の基礎知識

1 産業としての食品業界の構造

食品業界は安定的かつ未来志向

平成から令和に変わり、ラグビーワールドカップ、東京オリンピックと華々しいスポーツイベントの話題は続くが、慶賀ムードも消費税増税でトーンダウン、景気回復を実感しているのはまだまだ少数派とのアンケート調査もよく目にするところだ。

事実、実質賃金の伸び率はこの20年来、先進国中唯一のマイナス成長で、長期にわたって伸び悩んでいて改善の兆しはない。一方で、企業の利益剰余金（内部留保）はおよそ463兆円（2018年度）と7年連続で過去最高を記録。役員報酬1億円以上の企業も増えている。

平成以来の格差や貧困が身近に迫る問題となり、医療や介護などの社会補償費用がじわりと負担増になっていく中、貿易や安全保障をめぐる国際情勢も不安定さを増し、2020年代を迎えて政治・経済の先行きはますます不透明になっているといえるだろう。

しかし、当然のことながら、どのような経済状況にあっても、国際情勢に変化があっても、人が食事をしないことはない。

「食」は人間の基本中の基本なのだ。だから、昔から食品業界は景気変動に左右されにくいといわれてきた。これが他の業界に対する大きなアドバンテージだというのである。つまり食品業界は不況に強い。

もちろん、これは総論である。食品業界全体としては安定感が高くても、一企業に視点を移すと話は違ってくる。口にする食品だけに、ひとたび消費者の不信を招くと、トップブランドといえども一瞬にして地に落ちてしまう。

それでなくても、消費者の生活・消費スタイルの変化に応えられないと、すぐにライバルの商品にシェアを奪われてしまう。スーパーやコンビニなどでは、売れ行きが落ちればたちまち淘汰されてしまう。限られたパイを奪い合いながら、新しい市場創造の可能性を探らなければならない。

では、こうした特徴をまとめるとどうなるか。食品業界は「絶対になくならない安定性があり、ビジネスチャンスがたくさん転がっている業界である」ということになる。

また、食品業界が持つバイオ、ゲノムといった先端分野の技術は、人類の未来を大きく変えることになるかもしれない。かつて伝統的な味噌や酒類の製造現場で培われた発酵技術の研究が高度化して、医薬品をはじめ、環境リサイクルやエネルギー関連の分野などに応用されている例もある。これからの食品業界は、今までの業界の枠を超えて、大きく発展する可能性も秘めているといえるのだ。

食品関連産業全体で100兆円規模

農林水産省が2012年に策定した「食品産業の将来ビジョン」では、食品関連産業全体の市場規模（国内生産額）を09年の96兆円から20年には120兆円に拡大するとの達成目標を打ち出していた。ここでいう食品関連産業とは、農・漁業、食品産業（食品工業、関連流通業、飲食店）、資材供給産業及び関連投資をさしている。

これが広い意味での食品業界で、食品に関わる産業の大きなくくりとなる。その市場規模はおよそ100兆円というわけだ。

ただし、一般的に食品業界という場合、関連流通業や資材供給産業及び関連投資は含まれない（食品企業の中にはこうした機能を持つ会社をグループ会社として擁している企業も少なくない）。また、農業・漁業・畜産は生鮮食品を生産する第一次産業の位置付けで、飲食店などは外食産業として独立して扱われる。業界としては別扱いとするのが一般的だ。

食品工業は38兆円超の市場規模

ここで残った食品工業が、加工食品を生産する「食料品製造業」及び「飲料・たばこ・飼料製造業」(日本標準産業分類による)で、これこそが、一般にいわれている食品業界のことなのだ。

つまり、農漁畜産業などで収穫・漁獲・育成された原材料を加工して、食品を(あるいは食品の原料となる素材を)生産する企業が食品業界を形成しているのである。こうした企業が食品メーカーと呼ばれている。

この食品業界(「食料品製造業」及び「飲料・たばこ・飼料製造業」)が全製造業に占める出荷額の比率は合わせて12・1%、金額にして年間約38兆3650億円というきわめて大きな規模を誇っている(経済産業省の工業統計調査　平成30年確報　19年8月公表による)。産業規模としては、自動車などの輸送用機器器具製造業に次ぐ規模の大きさになる。

食品工業の業種は50以上

さまざまな統計調査の基本となる日本標準産業分類では、「食料品製造業」及び「飲料・たばこ・飼料製造業」をさらに細かな業種に分類している。やや細かくなるが列記してみよう。これを眺めると食品業界の具体的な全体像が見えてくるはずだ。

◎食料品製造業

○畜産食料品製造業〔肉製品製造業、乳製品製造業、その他の畜産食料品製造業〕

○水産食料品製造業〔水産缶詰・瓶詰製造業、海藻加工業、水産練製品製造業、塩干・塩蔵品製造業、冷凍水産物製造業、冷凍水産食品製造業、その他の水産食料品製造業〕

○野菜缶詰・果実缶詰・農産保存食料品製造業〔野菜缶詰・果実缶詰・農産保存食料品製造業(野菜漬物を除く)、野菜漬物製造業(缶詰、瓶詰、つぼ詰を除く)〕

○調味料製造業〔味噌製造業、しょう油・食用アミノ酸製造業、うま味調味料製造業、ソース製造業、食酢製造業、その他の調味料製造業〕
○糖類製造業〔砂糖製造業（砂糖精製業を除く）、砂糖精製業、ぶどう糖・水あめ・異性化糖製造業〕
○精穀・製粉業〔精米業、精麦業、小麦粉製造業、その他の精穀・製粉業〕
○パン・菓子製造業〔パン製造業、生菓子製造業、ビスケット類・干菓子製造業、米菓製造業、その他のパン・菓子製造業〕
○動植物油脂製造業〔植物油脂製造業、動物油脂製造業、食用油脂加工業〕
○その他の食料品製造業〔でんぷん製造業、めん類製造業、豆腐・油揚製造業、あん類製造業、冷凍調理食品製造業、そう（惣）菜製造業、他に分類されない食料品製造業〕

◎飲料・たばこ・飼料製造業

○清涼飲料製造業〔清涼飲料製造業〕
○酒類製造業〔果実酒製造業、ビール製造業、清酒製造業、蒸留酒・混成酒製造業〕
○茶・コーヒー製造業〔製茶業、コーヒー製造業〕
○製氷業〔製氷業〕
○たばこ製造業〔たばこ製造業（葉たばこ処理業を除く）、葉たばこ処理業〕
○飼料・有機質肥料製造業〔配合飼料製造業、単体飼料製造業、有機質肥料製造業〕

実に食料品製造業は40業種、飲料・たばこ・飼料製造業は13業種に細分類されている。合わせて53業種。1つの産業でこれほど多業種から構成されている産業はほかに例を見ない。これも食品産業の大きな特徴である。同時に、この中には大企業というよりも地場産業が担うような業種が多いことにも気がつくはずだ。

最先端技術を持ち世界を舞台に事業展開を行う大企業から、代々の家業を家族だけで営む事業所まで—食品業界のダイナミックな活動はこうした構造の上で日々続けられ、食卓を支えているのである。

2 食品業界再編の動き

食品業界に押し寄せるM&Aの波

２０００年代以降、食品業界では、それまではあまり見られなかった企業合併・買収が活発化している。いわゆるＭ＆Ａの動きである。Ｍ＆Ａとは、Mergers（合併）とAcquisitions（買収）の頭文字をとったもので、企業の合併と買収という意味だ。広い意味では、株式の持ち合いや合弁会社の設立などを含めた、資本の移動をともなう提携も含まれる。

企業はより競争力を高めるために、合併、株式の買収・売却、企業分割、企業提携、営業譲渡、事業統合といった多彩な手法を戦略的に選択する志向を強めているのである。

近年の食品業界Ｍ＆Ａの代表例をながめてみよう。

【05年】
・ブルドックソースがイカリソースを買収
・ハウス食品が武田食品工業を買収

【06年】
・アサヒビールが和光堂（ベビーフード）を買収
・山崎製パンが東ハトを買収
・伊藤園がフードエックス・グローブを買収
・日清食品が明星食品を買収
・キリンビールがメルシャンを買収
・マルハとニチロが経営統合

【07年】
・味の素がカルピスを買収

【08年】
・日本たばこ産業（ＪＴ）による加ト吉の完全子

会社化

【09年】

・明治乳業と明治製菓が持株会社明治ホールディングスを設立して経営統合

・サントリー食品がニチレイフーズのアセロラ飲料事業を買収

【10年】

・明治ホールディングスが傘下の明治乳業、明治製菓について食品事業を担う「明治」と、医薬品や農薬などを手掛ける「Ｍｅｉｊｉ　Ｓｅｉｋａ　ファルマ」に集約

・雪印メグミルクが１００％子会社である雪印乳業と日本ミルクコミュニティを吸収合併

【11年】

・サッポロホールディングスが飲料大手のポッカコーポレーションを買収

・日清食品ホールディングスとスナック菓子大手の湖池屋を傘下に収めるフレンテが資本・業務提携

・伊藤園が乳業中堅のチチヤスを買収

・三菱商事が傘下の食品卸子会社４社を経営統合して三菱食品を設立

・伊藤忠商事が子会社の日本アクセスを軸に傘下の食品卸売事業会社を統合

【12年】

・アサヒグループホールディングスが味の素の子会社カルピスを買収

【13年】

・高知県の旭食品を中核に石川県のカナカン、青森県の丸大堀内の地域卸3社が経営統合し、共同持ち株会社トモシアホールディングスを設立

【14年】

・日清食品ホールディングスが菓子メーカーのぼんちと資本業務提携

・昭和産業がセントラル製粉を持分法適用会社

・日本製粉が東福製粉を連結子会社化

・日清食品ホールディングスが菓子メーカーフレンテの株式追加取得

・協同飼料と三井物産系の日本配合飼料が経営統合、フィード・ワンを設立

【15年】
・味の素が長谷川香料と業務提携
・日本製粉が豆腐加工食品の松田食品工業と資本提携
・サントリー食品インターナショナルがJTの子会社ジャパンビレッジホールディングスとジェイティエースターの株式及び飲料ブランド譲受
・伊藤ハムが米久と経営統合
・ハウス食品グループ本社が外食の壱番屋を連結子会社化
・国分と丸紅が食品卸事業での業務提携に合意
【16年】
・日清食品ホールディングスがぼんちを連結子会社化
・ハウス食品グループ本社がギャバンを完全子会社化
・日本製粉が東福製粉を完全子会社化
・日本ハムが北海道乳業を持分法適用関連会社化
【17年】
・伊藤ハムと米久が経営統合
・ハウス食品グループ本社がマロニーを完全子会社化
・アサヒグループ食品がアサヒフードアンドヘルスケア、和光堂、天野実業を吸収合併
【18年】
・キユーピーがコンビニ向け弁当、惣菜などを手がけるグルメデリカを三菱商事に譲渡

中には破談になった大型経営統合もある。

09年7月に表面化したキリンホールディングスとサントリーホールディングスの経営統合交渉は、経済界を大きく揺るがせた。もし実現すれば世界でも最大級の酒類・飲料メーカーが誕生することになった。ところが、半年後、突然、経営統合交渉が打ち切りとなった。

経営のあり方についての考え方が一致しなかったことがその理由とされるが、もともと企業風土が大きく異なっていたともいわれる。

また、17年3月には、森永製菓と森永乳業が経営統合に向けた検討を終了すると発表。両社の経営統

合によりブランドの強化や海外展開、M&A（合併・買収）などに弾みがつくと期待されていただけに、統合見送りへの失望感が広がった。破談の理由は生産や物流部門の合理化など巡って意見が折り合わなかったとされている。事業における協業の可能性については、今後も引き続き検討していくという。

19年7月には経営統合へ向けての検討が再開されたとの報道があり、一時同社株が急騰するなど市場の期待を集めたが、森永乳業は報道を否定する発表を行った。

海外M&Aも加速

12年以降は海外を舞台にした大型M&Aも活発化している。

14年にサントリーホールディングスが米ウイスキー大手ビーム社を約1兆6500億円で巨額買収したのがその代表例だ。ここ数年の海外M&Aの実例を見てみよう。

【14年】

・味の素グループの味の素ノースアメリカ社が米国におけるアジア食の冷凍食品トップのウィンザー・クオリティ・ホールディングス社を約840億円で買収

・ミツカンホールディングスが、世界的食品大手の英蘭ユニリーバからパスタソース事業を2150億円で買収。

【15年】

・伊藤ハムがニュージーランドの食肉大手アンズコフーズを子会社化

・カゴメが米食品会社プリファード・ブランズ・インターナショナルを96億円で買収

・日清食品ホールディングスが味の素と折半出資するブラジルの即席めんメーカー日清味の素アリメントスを完全子会社化。味の素の持ち分を325億円で買収

・アサヒグループホールディングスがベルギーのビール世界最大手アンハイザー・ブッシュ・インベブ（ABインベブ）との間で、英ビール大

手ＳＡＢミラー傘下の欧州ビール４社の買収について契約。買収額は約３２００億円
・キリンホールディングスがミャンマーのビール最大手ミャンマーブルワリーの株式の55％を約７００億円で取得し子会社化
・伊藤園が米国コーヒー豆卸売のディスタント・ランズ・トレーディング１００億円で買収
【16年】
・サッポロホールディングスが豊田通商と共同で米国アイス製造のリッジ・フィールズを買収
【17年】
・味の素がトルコの食品会社キュクレ食品社を完全子会社化
・アサヒグループホールディングスが、アンハイザー・ブッシュ・インベブと、統合前の旧ＳＡＢミラーが保有していた中東欧５カ国のビール事業を約８８８３億円（73億ユーロ）で買収
【18年】
・ＪＴがロシア４位のドンスコイ、バングラデシュ２位のアキジ・グループ傘下のたばこ事業を買収
・不二製油グループ本社が米ブローマー・チョコレートを買収
【19年】
・野村ホールディングスと米投資ファンドのカーライル・グループが共同で、国内ビール５位のオリオンビールを買収

とくにビール会社の活発なＭ＆Ａが目立つが、ビール業界では世界的に再編・統合が進んでおり、日本の大手各社にとっても買収などで海外事業を強化するのが共通の課題となっている。

世界のビール業界では、大規模再編が進んでいる。15年11月には世界首位で「バドワイザー」などのブランドを持つアンハイザー・ブッシュ・インベブ（ＡＢインベブ、本社ベルギー）が、同２位で「ミラー」などのブランドを扱う英ＳＡＢミラーを買収することで合意した。両社の世界シェアは単純合計で３割に達するが、そもそもこのＡＢインベブは08年、当時世界２位のインベブが４位の米アンハイ

ザー・ブッシュを買収して誕生した企業なのだ。このように、世界的に再編が急ピッチで進む中、日本の大手４社のシェアは合計でも５％程度。世界市場で戦うためには、海外ブランドの買収を含め、シェア拡大や収益力強化の戦略をいかに具体化できるかが課題になっているのである。

海外M&A戦略の差

14年12月期の連結売上高で、サントリーホールディングスがキリンホールディングスを抜いて食品メーカーの首位に立った。サントリーの連結売上高は２兆４５５２億円で、キリンを初めて約２６００億円上回ったのである。

09年に両社が経営統合を検討しているというビッグニュースが飛び交ったのが別世界の出来事のようだ。当時はキリンの連結売上高がサントリーを約７０００億円上回っていたのである。

では、なぜ、このようなことになったのか。その差は、Ｍ＆Ａ戦略の違いにあったといわれている。

たとえばキリンが11年に買収したのはブラジル２位のビールメーカー、スキンカリオール（現ブラジルキリン）。買収過程で少数株主から買収無効の訴訟を起こされ高い買い物についた。しかも同社はブラジルのビール市場で２位ではあったがシェアはわずか15％。現地で苦戦を強いられていた。

一方、サントリーは14年に米蒸留酒最大手のビームを買収。鮮度の問題から地産地消が原則のビールに対し、スピリッツは産地がブランド力で、価格が高いため輸出しても採算がとりやすい。実際、ビームは米国の特殊な流通ルートのみならず海外にも充実した販路を持っていた。

16年12月期の連結決算でも、サントリーホールディングスはビームサントリーの売り上げが前期に続いて増加するなど収益を伸ばした。売上高に占める海外の割合は35％だ。一方、キリンホールディングスは最終（当期）損益では海外事業の損失で赤字に転落した。これはブラジルキリンが業績不振に陥り、子会社の資産価値を引き下げる「減損処理」で１１００億円の損失を計上したためだ。キリンは49

年の上場以来、初めての最終赤字となったが、18年12月期は純利益が１６４２億円まで回復した（ちなみに18年12月期のサントリーの純利益は１４０１億円で前期比34％減）。

そこで、キリンがより安定的な海外市場として注目しているのが東南アジア市場である。

16年９月の朝日新聞の報道（キリンホールディングス磯崎功典社長のインタビュー記事）によると、成長が見込める市場として日本と近い文化圏、とくにベトナムとカンボジアを挙げている。両国ともに若年層が多く、経済成長率も６・７％と高いため、ビール消費量の伸びが期待できるというのだ。今後、できるだけ早期に、現地企業と組んで進出する意向を表明している。また。前項でも触れたように、すでに16年、ミャンマーのビール最大手ミャンマーブルワリーの子会社化もはたしている。

一方で、国内市場では味覚や製法、商品の物語性にこだわった「クラフトビール」に注力して巻き返しを図るという戦略だ。

経済のグローバル化はますます加速する。欧米の巨大企業はその資本力で世界戦略を進め、寡占化の流れが鮮明になっている。今後の国内市場に大きな拡大が望めない今、新興国をはじめとする海外市場にどのように打って出るかという戦略が問われている。とくに成長著しいアジア市場は欧米企業も狙いを定めており、今後、厳しい競争が予想される。

流通業界の再編が食品業界に与える影響

流通業界も再編の動きが加速している。

16年９月、コンビニ大手のファミリーマートと、流通大手のユニーグループ・ホールディングスが経営統合し、国内トップの規模に迫るコンビニと総合スーパーをあわせ持つ新たな流通グループが発足した。

この新たな流通グループは、業界1位のセブンイレブンに迫るおよそ1万８０００店のコンビニと、東海地方を中心とした総合スーパーをあわせ持つことになる。ユニー傘下のサークルKとサンクスは全てファミリーマートに変更された。

また、15年にはマルエツ、カスミ、マックスバリュ関東の3社が共同で持株会社ユナイテッド・スーパーマーケット・ホールディングス株式会社を設立。このイオン系の食品スーパー3社の統合により、ライフコーポレーションを抜いて、営業収益で食品スーパーマーケット業界のトップに躍り出た。19年7月現在、店舗数は518を数える。

イオンは「首都圏食品スーパー連合」を掲げて、業界首位のセブン&アイ・ホールディングスに対抗する。

近年、流通業界はセブン&アイ・ホールディングスとイオンを軸に再編が進められてきた。そして、その強大な購買力を背景に、食品メーカーに対する価格決定権を大きく増してきたのだ。

具体的には、たとえば食品メーカーに対する納入価格の引き下げ圧力を強めるといったことだ。イオンでは卸し会社などを通さず、メーカーとの直接取引を増やし、粗利益率の改善につなげている。そうなると値下げ圧力はメーカーに直接及ぶことになるわけだ。

07年10月に経営統合したマルハとニチロも、イオンとダイエーの提携に対抗力を強めることがその理由の1つだったといわれている。力を増す流通に食品業界もパワーで対抗する必要があるのだ。

19年になってコンビニの全国一律24時間営業を短縮しようという動きが広り始めている。業界4位でイオン子会社のミニストップは同年9月、フランチャイズチェーン（FC）加盟店に営業時間の自由度を持たせるとの方針を示した。業界2位のファミリーマートも約600のFC加盟店で営業時間短縮の実験を続けている。業界3位のローソンは一部店舗で時短を認めているが、実際に時短営業に切り替える店舗は増加しているという。業界トップのセブン－イレブン・ジャパンも深夜休業の実質容認に転換した。

加えて、ドラッグストアでの食品取り扱いの強化（構成比拡大）も見逃せない動きとなっている。

3

グローバルな原料調達環境の変化

食のグローバル化と原料価格の関係

食のグローバル化が新たな局面を迎えている。大規模農法の進展、遺伝子組み換え作物への依存の高まりと不信、海水の高温化や水質汚染に加えて乱獲を原因とする海洋生物の激減、そして中国をはじめとする新興国の爆発的な食料の需要増などの要因が食の原料調達環境を激変させようとしているのだ。

当たり前の話だが、われわれが口にする食品は実にさまざまな原料からできている。たとえば家畜の食肉は大量の穀物を飼料として生産されることになる。ある計算によれば、鶏肉1キロを作るためには4キロの穀物、豚肉1キロは7キロの穀物、牛肉1キロは12キロの穀物が必要になるといわれている。

ハンバーガー1個作るために、約5平方メートルの森林が必要という研究結果もあるそうだ。

現在の世界の人口はおよそ70億人。これは1960～70年代のほぼ倍にあたる。これが2045年には、90億人になるといわれている。しかし、農地面積は増えていない。さらに砂漠化、気温上昇、豪雨、干ばつといった気象・環境面での問題もある。世界規模の食料不足は差し迫った問題となりつつあるのだ。

エタノール、バイオ燃料向け原料需要拡大の影響

08年に国際農産物相場が急上昇したのは、エタノール、バイオ燃料など化石燃料の代替エネルギー向け原料需要が急拡大したからである。

原料となるトウモロコシなどの穀物、砂糖、脂肪種子、植物油が急騰することによって穀物価格や家畜の飼料が高騰、その結果、肉や乳製品も値上げとなった。大豆やオレンジなどの生産農家が利益の大きい代替エネルギー向け原料に転作し、生産が減った大豆やオレンジが高騰するといったケースもあった。

また、原油エネルギーが高騰していたため、海上輸送費のコストアップも製品価格に反映された。エタノール向けとうもろこしが注目を集め、その急拡大が大いに問題視された。

もちろん、エタノール、バイオ燃料は、再生可能な自然エネルギーとして、燃焼させても地表の循環炭素量を増やさず、既存の化石燃料の供給インフラや利用技術を基本的に利用できるなど大きなメリットがある。しかし、原料のとうもろこしやさとうきびなどを栽培する過程でのエネルギー消費、環境破壊、そして食料用途との競合などデメリットも大きいのである。

15年は08年に比べると、エタノール向け需要が2倍以上に増加した。米国におけるとうもろこしのエタノール向け需要はＲＦＳ（再生可能燃料基準）によるバイオ燃料の義務付け使用量の増加等の要因で、とうもろこし需要の約4割を占めるまでになっている（米国は世界の生産量の約36％、輸出量の約39％を占める最大のとうもろこし生産・輸出国である）。しかし、とうもろこし価格は12年をピークに下落傾向にあるのだ（ＩＭＦ調べ）。

17年8月に国連食糧農業機関（ＦＡＯ）が発表したところによると、世界の食料価格指数（２００２～04年＝１００）は１７９・1と前年同月比で10・2％上昇し、2年7カ月ぶりの高水準になった。食料価格は中国など新興国の需要拡大を背景に上昇傾向が続いている。

食料価格指数は11年から14年夏頃までは２００台と高い水準が続いた。15年は新興国の景気減速などで落ち込み、16年1月には１５０を下回った。その後は上昇傾向が続くトレンドになっている。

4 業種別に見る食品業界の動き

製糖／製粉／油脂
――基幹産業としての安定感が魅力

精糖／製粉／油脂は、一般消費者に商品を提供するとともに、広く食品工業全体に素材を提供する基幹産業でもある。いずれの業界も全体としての成長は停滞気味だが、基本的には規模も大きく、後述するように集約化も進んだ。

海外の相場や為替などの影響を受けやすいが、企業としての安定感は高い。消費者ニーズにきめ細かく対応した加工製品を中心に経営多角化を進め、新たな飛躍を目指す企業も多い。

業界を順に見ていこう。まず製糖業界は、砂糖の需要が菓子、清涼飲料、パン類などの業務用が全体の8割以上を占めており、基本的には堅調だ。しかし、近年の甘さ離れの定着や異性化糖の浸透、加糖調整品輸入の大幅増加によって消費量は減少傾向にある。

そのため製糖業界では生産効率向上のため経営統合や共同生産の動きが加速。01年に三井製糖と新名糖が合併して新三井製糖が発足、05年4月には台糖、ケイ・エスも合流して国内最大の新生「三井製糖」となり、2位の大日本明治製糖に約2倍の差をつけた。

近年、三井製糖は機能性甘味料パラチノースの普及に力を入れている。通常、砂糖は消化吸収が速いのが特徴だが、それに対して消化吸収が遅く、血糖値の上昇を抑制。インスリンの分泌が穏やかだ。カロリーは砂糖と同じだが、内臓脂肪が蓄積しにくく、スポーツ時に脂肪燃焼を持続させやすいという特徴がある。これが16年秋からスーパーの棚に並んだ。同社が全社を挙げてこうした砂糖以外の新機能素材を大々的に売り込むのは初。18年には機能性表示食品の「対象成分となり得る構成成分等」の対象となった。

製粉業界は海外展開と国内拠点の集約を進めている。シェアトップは日清製粉グループ本社。01年に純粋持株会社を設立し、製粉事業は新設の日清製粉が担っている。第2位は最古参の日本製粉、第3位は総合化独立路線の昭和産業がつける。

10年には日清製粉グループ本社が連結対象子会社であるオリエンタル酵母工業を100％子会社に。14年には穀物メジャー最王手の米カーギルグループなどから米国の製粉4工場を買収した。日本製粉は16年8月、東福製粉を完全子会社化した。日本製粉は冷凍食品などの食品事業も好調で、16年の創立121年目を期に本社を麹町に移した。

油脂業界は全体として生産量・金額ともに横ばいが続いているが、その中でも消費者の健康志向は根強く、不飽和脂肪酸であるオレイン酸、リノール酸、リノレン酸などを多く含むキャノーラ油が伸びている。

油脂業界は長らく安定していたが、02年以降、まず02年、業界2位のホーネンコーポレーションと3位の味の素製油が経営統合し、豊年味の素製油を設立。同年10月には最大手の日清製油と6位で丸紅系のニッコー製油、7位で三菱商事系のリノールが経営統合し、日清オイリオグループを設立。03年4月には5位の吉原製油が豊年味の素製油と経営統合し、Jオイルミルズ（通称・Jオイル）を設立した。05年には家庭用食用油の商品ブランドを「AJINOMOTO」に原則一本化した。この結果、食用油大手は日清オイリオグループとJオイルミルズの2強に集約。18年、Jオイルミルズはこれまで製油事業主体だったセグメントを、油脂、油脂加工品、食品・ファインの3事業部制に再編した。

調味料
――バラエティ豊かに活気ある市場

日本の調味料市場は約1兆5000億円規模。長らく成熟期にあって安定した状態が続いていたが、近年は消費者の内食回帰傾向が高まり、全体としては需要拡大の動きが見られる。さらに世界的な和食ブームで海外展開を加速する動きもある。一方、味噌やしょう油など伝統調味料では、地場の中小メーカーが多数存在し、地道な活動を続けている。

しょう油最大手のキッコーマンは09年に3つの事業子会社を設立し、純粋持株会社に移行。主力の調味料製品はキッコーマン食品株式会社が扱っている。

16年には持分法適用会社だった理研ビタミンの自社株買いに応じて、理研ビタミンは持分法適用会社から外れた。近年はしょう油の海外人気が高く、海外売上高比率が5割超に達する。18年6月には20年までに南米、30年までにアフリカ、インドに本格進出する方針を明らかにした。

うま味調味料の最大手は総合食品メーカーの味の素。うま味発見100周年にあたる08年には、若年層を中心に新規消費者の獲得に成功し、長期的に縮小傾向が続いていたうま味調味料市場の拡大に成功した。海外展開にも積極的だ。17年8月には、タイ中部のラブリ県にあるノンケー工場で、タイ国内トップシェアを維持する風味調味料「ロッディー」の生産能力を約40%増強する。

ソース専業ではブルドックソースがトップクラス。香辛料ではエスビー食品がトップで、日本独特のチューブ入り香辛料が定番化している。カレールーの最大手はハウス食品で、この分野で圧倒的な強さを誇る。トマトケチャップの市場規模は約180億円。シェアトップはカゴメで約65%を占める。2位はデルモンテで20%。

マヨネーズ市場では、首位のキユーピーが約6割と圧倒的なシェアを握っている。69年に参入した味の素が2割のシェアを確保。3位がケンコーマヨネーズだ。その市場に、02年9月、花王が参入し、「健康エコナマヨネーズタイプ」を発売した。04年にキユーピーが発売した「キユーピークオーター」はカロリーがマヨネーズの4分の1という特徴で、特定保健用食品の許可を受けた「健康エコナ」と競合した。

マヨネーズ・ドレッシング類の生産量は、18年の実績が41万0535トン（前年比1・3％減）で、前年までの4年連続過去最高更新から足踏みとなった。

内訳は、過半を占めるマヨネーズが22万0895トン（前年比99・1％）、マヨネーズ以外の半固体状ドレッシングが6万2952トン（同102・8％）、液状ドレッシング（乳化タイプ及び分離タイプ）が10万3307トン（同97・7％）、ドレッシングタイプ調味料（ノンオイルドレッシング）が2万3263トン（同90・2％）などとなっている（全国マヨネーズ・ドレッシング協会調べ）。

マヨネーズは11年以降17年まで連続して前年比プラスを記録してきたが、その背景には、マヨネーズの利用場面が野菜サラダから大きく拡大していることが挙げられる。液状ドレッシングは、液状である物性特性を活かし、野菜サラダだけでなく、肉や魚料理などにも使用できるドレッシングなど、野菜とは異なる素材を意識したものが数多く登場している。また、食用油脂を使用していないドレッシングタイプ調味料（ノンオイルドレッシング）も増加傾向にある。

近年はメニュー用調味料（合わせ調味料）市場が成長している。これまで主力だった中華用に加え、醤油ベースの和風用やトマト等をベースにした洋風用、さらには電子レンジ調理用、肉関連メニュー専用品、パンやパスタ関係などバラエティ豊かな商品が人気だ。

冷凍食品――各社好調、冷凍米飯が牽引

冷凍食品とは、日本冷凍食品協会によると「あらかじめ、前処理され、品質が劣化しないように急速冷凍され、汚れたり品いたみするのを防ぐために包装されており、品温をマイナス18度以下に下げて品質を保持しているもの」と定義されている。

もともとは1908年にアメリカでイチゴを冷凍したことに始まるもので、日本では20年、北海道森町に葛原商会（現ニチレイ）が日産10トンの凍結能力を持つ冷蔵庫を建設したのがその始まり。最初に冷凍したのは魚だった。

そして30年、日本初の市販冷凍食品「イチゴシャーベー（冷凍いちご）」を戸畑冷蔵（現日本水産）が大阪・梅田の阪急百貨店で販売した。

フリーザー付冷蔵庫が発売になったのが61年、電気冷蔵庫の普及率が50％を超えたのは65年のことである。

18年の冷凍食品の国内での工場出荷額は、前年比0・2％減の7154億円だった（日本冷凍食品協会調べ）。02年以来の7000億円台となった前年に引き続いての7000億円台だ。

品目別の生産量伸び率では、水産物が93・3％、農産物も91・2％と減少。農産物は天候不良によるものだ。国内生産の大半を占める調理食品は100・0％と横ばいだった。小分類を見ると、ラーメン類（106・4％）、ギョウザ（105・1％）、うどん（102・7％）などが前年から大きく伸びた。小分類の品目別生産量が多いのは、コロッケ、うどん、炒飯の順だ。

国内シェアトップはマルハニチロとニチレイがその座を僅差で競っている。14年まで8年連続で首位だったニチレイだが、その後、マルハニチロがやや優位に立っている。

冷凍食品のシェアについては十数年ほど前に大きな動きがあった。07年に、加ト吉による不透明な「循環取引」が発覚し、さらにミートホープから購入した偽装ひき肉を原料に使用していたことが判明して消費者の加ト吉離れを引き起こし、06年首位から3位に転落、前年2位だったニチレイが3年ぶりにトップを奪還したのだった。

そして08年4月、加ト吉はJTの完全子会社となり、同年に発生した中国製冷凍餃子中毒事件（JTの子会社ジェイティフーズが輸入）で窮地に陥ったJTは加工食品事業及び調味料事業を加ト吉に集約。10年には加ト吉からテーブルマークに社名変更する。「カトキチ」ブランドは冷凍めん全般にのみ残ることになった。14年には持株会社体制に移行し、事業を継承した子会社がテーブルマーク株式会社を名乗ることとなったのである。

この分野では技術革新がめざましい。忙しい共働き世帯や食べたい分だけ作りたい高齢者の需要に応えるため、手軽に作れて味は本格派という商品を開発し続けている。19年の消費税増税後は、さらに食卓での存在感を増しつつある。

マルハニチロは、軽減税率により内食回帰が進むことを見越し、外食の価値を内食でも実現できるような高品位の商品開発を進めている。18年には無印良品が冷凍食品に参入し、19年には50種類を越えるラインナップとなった。化学調味料不使用、中身が見えるパッケージで消費者にアピールしている。

冷食業界全体の新しい取り組みとしては、年々増加するインバウンド（訪日外国人）を次のターゲットとして想定し、来日時に商品を味わった後に、それぞれの母国で消費を促す戦略が見られる。

食肉加工／水産加工——逆風の中に活路を見出す

食肉加工業界はかつて成熟市場といわれて長く安定していたが、近年はさまざまな逆風にさらされている。

近年では15年10月、WHO（世界保健機構）傘下のIARC（国際がん研究機関）がソーセージやハム、ベーコンなどの加工肉について、発がん性があるとする調査結果を発表したことが波紋を広げた。報告書によると、毎日50グラムの加工肉（ソーセージなら3本、ハムなら5枚、薄切りのベーコンなら3枚程度）を食べると、大腸がんのリスクが18％増加すると指摘。加工肉を食べることによる発がん性のリスク評価は5段階で最も高いレベルとし、喫煙やアスベストと同じグループに分類したのだ。

この分類は科学的根拠の強さを示すもので、発がんの確率の高さを意味するわけではないというが、世界的にセンセーショナルな反応を引き起こした。日本でも、丸大食品の百済徳男社長が発表直後の数日間、ウインナーの販売が2割ほど落ちたと明らかにした。その後の歳暮期の贈答品需要も低迷し、市場全体も引き下げている。

振り返れば、96年の夏以降、英国でのBSE発生、翌97年には台湾での豚の口蹄疫発生、01年には国内でBSEが発生し、牛肉敬遠の動きが大きく拡大する。酪農家や外食産業にも大きな打撃を与えた。このBSE対策としての国産牛肉買い取り事業を悪用し、輸入牛肉を国産牛肉と偽装して不正に補助金を取得したのが雪印食品と日本ハムの子会社だった。

02年にはそれ以外にも食肉の産地などの虚偽表示が相次いで発覚し、業界への信頼は地に落ちる。04年になっても、鳥インフルエンザによる鶏肉輸入禁止と国内発症、米国でのBSE発症を受けての牛肉輸入禁止。05年には伊藤ハムが輸入豚肉の差額関税制度をめぐる脱税容疑で起訴されるなど、イメージ悪化が続く。10年には宮崎県で牛や豚の口蹄疫が発生した。

市場としては、国内販売量が97年の前年比1・4%減となって以降、ほとんど前年を下回るマイナス成長を続けた。04年になってようやく2・1%増となったものの、翌年からプラスはない。しかし、08年に久しぶりの1・8%増となり、以後は14年まで増加を続けた。18年の生産量は55・4万トンと過去最高だった前年水準を維持している。品目別では「その他ハム」に分類されるサラダチキンが17年に8割増、18年に4割増と急伸している(日本ハム・ソーセージ工業協同組合調べ)。

大きな流れとしては、消費者の節約志向の高まりによる内食化の進行、弁当需要の高まりなどを背景にして、復調の流れが確かになっている。一方で、各社の競争激化や人件費の上昇が圧迫要因になっており、改善が大きな課題になっている。

ハム・ソーセージ市場の大手3社は、16年4月に経営統合した伊藤ハム米久ホールディングス、日本ハム、丸大食品。以下、プリマハムが追っている。

水産加工業界は長期にわたって厳しい状況だ。80年代以降になって日本人の魚離れ傾向が強まり、市場は縮小の一途をたどっている。食用魚介類の1人当たり年間消費量は01年度の40・2kgをピークに減少傾向で推移し、14年度は27・3kg、17年度は24・4kgとなった(平成30年度水産白書)。

これは昭和30年代後半とほぼ同じ水準で、年齢別には40代以下の世代の摂取量が50代以上の世代と比べて顕著に少なくなっているという。

こうした状況を背景に、07年には水産業界で売上高トップのマルハと同3位のニチロが経営統合、売上高1兆円を超える巨大企業が誕生した。以下、日本水産、極洋と歴史のある名門企業が続いている。

近年、クロマグロの漁獲規制が強まる中で水産各社が取り組んでいるのが、人工的に卵から成魚まで育てる「完全養殖」だ。養殖から冷凍食品を含む加工食品、そして海外市場へ。大手水産各社の多角化は進む。

レトルト食品／インスタント食品——活気ある市場が続く

レトルト食品は「プラスチックフィルム、金属、またはこれらを貼り合わせた袋や成形容器（気密性及び遮光性を有するものに限る）に食品を詰め、完全に密封し加圧加熱殺菌したもの」と定義されている（「レトルトパウチ食品品質表示基準」農林水産省告示）。レトルトパウチ（袋）食品は「柔らかい缶詰」とも呼ばれ、50年代のアメリカで宇宙食用に開発されたのが始まりだ。

近年の内食回帰傾向を背景にレトルト市場規模は拡大を続け、年間生産量は03年に30万トンを超えて、18年には37万9５２１7トンに達した。生産量のもっとも多い品目はカレーで、その量は16万１７１1トンを超え、全体の40％強を占めている。次いで、つゆ・たれ類、中華合わせ調味料などの料理用ソース、パスタソース、スープ類となっている（日本缶詰協会調べ）。

レトルト食品は、日本が世界最大の生産、流通国となっている。欧州と米国では缶詰や冷凍食品が主流となっていて、レトルト食品の消費はあまり伸びていない。ただし、業務用途の一部で注目されていることもあり、今後の市場開拓の余地はある。一方、アジアでは湯を使う調理法になじみが深いため、レトルトパウチ食品の普及が進んでいる。

レトルト市場の近年の動きとしては、17年を期にレトルトカレーがルウカレーを追い越した（購入額ベース）ことが挙げられる。レトルトカレーは71年の6倍までに拡大している。高齢世帯や共働き世帯の増加を背景に、各社は高齢者向け少量パックや健康志向の新商品を発売している。

それ以外では、麻婆豆腐の新商品が目立つ。麻婆豆腐は分類上、メニュー用調味料（合わせ調味料。前述の日本缶詰協会の統計では料理用ソース）に属する。さらに細分化すれば、その中の中華調味料の1つだ。メニュー用調味料に占める中華調味料のシェアは6割、中華調味料に占める麻婆豆腐のシェアが3割だ。ほかに青椒肉絲、回鍋肉など、それぞれ味のバリエーションを細分化し、消費者の選択肢を増やしている。

インスタント食品は、調理または処理に時間を要さないでただちに食用できる貯蔵性食品をいう。広義では缶詰や冷凍食品、レトルト食品、乾燥食品などのような加工食品も含めるが、一般には水分を加えるだけで従来あった食品と品質が変わらないものができる食品をいう。代表はなんといっても即席めんだ。袋めんは58年（「チキンラーメン」）、カップめんは71年に登場している（「カップヌードル」）。

即席めんは世界で1000億食が食べられるともいわれる（国内は約57億食）。18年の世界の即席めん販売量の1位は中国で402億5000食、2位は125億4000万食のインドネシア、3位が60億6000万食のインドだ。

世界シェアでは、台湾の頂新国際集団、日清食品ホールディングス、インドネシアのインドフード・スクセス・マクムルが上位を占めている。頂新国際集団は中国でトップシェアを誇る康師傅を傘下に抱えるのが強み。日清食品HDはブラジルやロシアなどを中心に、香港市場から中国への進出も視野に入れる。東洋水産は「マルちゃん」ブランドで知られ、米国やメキシコで人気だ。

国内市場では、日清HD、東洋水産、サンヨー食品の上位3社で8割以上のシェアを握る。以下、明星食品、エースコックが続く。

菓子／乳製品／パン——安定市場で熾烈な競争

18年の菓子の総生産額は2兆4985億円で前年比0・1％減、小売金額は3兆3909億円で前年並みとなった（前年までは5年連続でプラスだった）。

カテゴリ別に見ると、生産数量、生産金額、小売金額とも前年を上回ったのは、飴菓子、ビスケット、スナック菓子、油菓子など。一方、チューインガム、せんべい、米菓、和生菓子、洋生菓子はいずれも前年を下回った。チョコレートは、生産量は前年をわずかに上回ったが、生産金額や小売金額は前年を大きく下回った（全日本菓子協会調べによる）。

もっともこうしたカテゴリ別の動向は、例年、一定の変動がある。菓子の需要は景気や気候の影響を大きく受けるからだ。18年は統計のうえでは雇用・所得の改善が続く中で、緩やかな回復基調が続いたと見られる。また、訪日外国人旅行者は3119万人と前年比8・7％増で、菓子類お土産購入額も18年は推定1761億円となり、前年比10・8％増を記録した。今後も伸長が期待できるだろう。

一方、市場全体の大きな流れとしては、すでに飽和状態にある中で必然的に競争が激化し、新製品開発競争も熾烈を極める。とくに近年はＰＢ商品をはじめとした低価格帯の商品や得用の大袋商品が存在感を増しているが、一方で、歴史のある定番商品の人気も高く、各社ともキャンペーンやリニューアルに注力している。チョコレートは機能性をアピールした商品がヒットするなど、健康志向との関連も見られる。

菓子業界では、09年4月に菓子2位の明治製菓と乳製品最大手の明治乳業が経営統合したことで、勢力図が大きく変わった。この統合によって、売上高1兆円を超える国内7社目の食品メーカーが誕生したのだ。

ただし、菓子事業に限れば売上高の業界首位は江崎グリコ、以下、カルビー、森永製菓、明治ＨＤ、ブルボン、不二家、亀田製菓と続く。ちなみにチョコレートのシェアは、1位明治、2位ロッテ、3位江崎グリコ。以上3社で全体の約6割を占めている。

乳製品業界は、かつて雪印乳業がバターで7割、チーズで5割を握るガリバー型寡占だった。ところが00年夏の食中毒事件で勢力図が激変する。01年3月期の単体売上高では、雪印が44年ぶりに首位から陥落して一気に3位まで後退。明治乳業が首位に、森永乳業が2位に浮上し、ともに過去最高の売上高と利益を計上したのだった。

その後、子会社の雪印食品が牛肉偽装事件を起こすなど、雪印ブランドは壊滅的な状態となる。その後、雪印乳業は02年から経営再建に乗り出し、まず牛乳部門を切り離して売却（全国農業協同組合連合会＝全農と日本ミルクコミュニティを設立）、続いてトップシェアだった業務用冷凍食品卸売を伊藤忠商事に、アイスクリームはロッテ、粉ミルク育児用食品は大塚製薬、乳酸菌飲料はカゴメ、冷食事業はニチロにそれぞれ売却。バター、チーズなどに事業を集約する。その後、09年10月には雪印乳業と日本ミルクコミュニティが経営統合し、共同持株会社雪印メグミルクを設立。11年4月に雪印乳業と日本ミルクコミュニティ（メグミルク）の2社を吸収合併し、新生「雪印メグミルク」となり現在に至っている。現在、明治、森永乳業、雪印メグミルクの上位3社で4割以上のシェアを握っている。

製パン業界は寡占化が進む。首位は山崎製パンで売り上げは1兆5９4億円、2位のフジパンの2７5６億円を大きく引き離している。3位は敷島製パンの1５６5億円だ（いずれも18年）。山崎製パンは16年に会社の看板ともいえる「リッツ」や「オレオ」のライセンス生産を終了する「ナビスコショック」に見舞われたが、売上高は17年、18年と好調を維持している。

清涼飲料――成熟市場の中で大激戦

清涼飲料市場の規模は各種統計によって差があるが、年間売上5兆円ともいわれる一大マーケットである。市場に投入される新商品は年間1０００以上ともいわれている。

18年の国内市場は前年比1・0％増の5兆2１5２億円だった（富士経済調べ）。前年を上回るのは4年連続。夏季の記録的猛暑による需要増とともに、西日本や北海道の震災における生産減に対しても、各メーカーが特別便などを通じた安定供給に努めたことにより、販売額増加につながったという。

品目別では、無糖茶飲料、ミネラルウォーター類、機能性飲料、炭酸飲料が猛暑を背景に伸長。とくにコカ・コーラの「紅茶花伝　クラフティー」のヒットが市場を大きく広げた。一方、近年、健康志向によって好調を維持してきたドリンクヨーグルトの成長は鈍化したと見られる。

清涼飲料のシェアは日本コカ・コーラが首位（約27％）で、コーラや缶コーヒーで他社を圧倒する。２位はサントリー食品インターナショナル、以下、アサヒ飲料、キリンビバレッジ、伊藤園がシェア順位を競っている。

品目別生産数では、全国清涼飲料連合会の統計によると、もっとも生産量が多いのが炭酸飲料、次いでミネラルウォーター、僅差でコーヒー飲料等。以下、緑茶飲料、その他の茶系飲料、果実飲料、スポーツ飲料等の順位になっている。

単ブランドでは、「サントリー天然水」が18年、コカ・コーラのコーヒー「ジョージア」を抜いて、28年ぶりに首位になった（飲料総研調べ）。販売数量は前年比９％増の１億１７３０万ケース。

振り返れば、05～07年にかけてはコーヒー飲料等がトップの生産量だった。ミネラルウォーターは05年の６位から06年に４位、11年以降は３位に上がり、15年にはコーヒー飲料等を抜いて２位になっている。

90年代後半から急速に伸びた緑茶飲料は05年をピークに減少傾向にあったが、11年以降再び勢いを取り戻して、健康志向を背景に市場全体を牽引している。

その緑茶飲料分野の先駆けとなったのが伊藤園の「お～いお茶」だ。85年の発売当時（当初の名称は「缶入り煎茶」、「お～いお茶」に変更されたのは89年）は年間30万ケースを販売目標に掲げたところ絶対に無理だと大笑いされたという。それが05年まで10年連続の２桁増を続け、07年には実に年間８７００万ケースを売り上げるまでに成長したのである。15年２月には累計販売数が２５０億本を突破した。

ミネラルウォーター市場では、フレーバーウォーター人気が定着している。シェアは１位がサントリー食品インターナショナル、２位が日本コカ・コーラ、３位がキリンビバレッジで、この上位３社合計で約75％を占める。以下、アサヒ飲料、伊藤園が続く。

清涼飲料市場としては動きも激しく激戦が続くが、

全体としては成熟市場で、少子化によって中長期的な市場縮小が懸念される。

各社が打開策を模索する中、生き残るには一定の規模が必要として、業界10位だったJTが飲料事業からの撤退を決定したのは15年9月。その自動販売機子会社ジャパンビバレッジホールディングスと「ルーツ」「桃の天然水」の商品ブランドを買収したのがサントリー食品インターナショナルである。これでサントリーが保有する自販機台数は49万台から75万台になった。

また、18年1月付で東日本が地盤のコカ・コーライーストジャパンを存続会社として、西日本のコカ・コーラウエストと四国コカ・コーラボトリングが3社合併を果たしている。

ビール／ウイスキー——成熟市場から激化する競争へ

ビール市場のシェア争いの歴史はエキサイティングだ。アサヒビールがキリンビールを抜き、48年ぶりにシェアトップに立ったのは01年のこと。かつてビール市場は成熟市場と呼ばれ、長らくキリンの圧倒的な優位が続いていたのだ。

そこに異変が起きたのが86年。当時、シェア3位の位置（4位のサントリーも間近に迫っていた）にいたアサヒが「スーパードライ」を発売したのである。この予想を超える爆発的な大ヒットに、各社が変わらなかったシェアの壁を突き崩すべく、たとえば黒生、地域限定、ローカロリー・ビールなど次々と新製品を投入し始める。市場が一気に活性化したのである。

その後も「スーパードライ」の勢いはとどまることを知らず、96年6月にはついに「キリンラガー」を抜いてトップブランドに躍り出た。97年は年間出荷数量で約3600万ケースもの大差をつけて完勝。98年には発泡酒を除いたビール・発泡酒市場でアサヒが首位に立った。その後、ビール・発泡酒市場でキリンが首位を守ったのは、発泡酒「麒麟淡麗〈生〉」の大ヒットによるものだった。

そして01年、満を持してアサヒが発泡酒に参入。2月に発売した発泡酒「本生」の販売量が、当初計画の3倍近い3900万ケースとなる大ヒット。この結果、主力の「スーパードライ」が9・1%減となったものの、ビール・発泡酒合計のシェアを3・2ポイントアップとし、2・6ポイント減だったキリンを抜いて首位に立ったのである。

ところが04年になってビールや発泡酒より低価格の「第三のビール」が登場。2月にサッポロビールが発売した「ドラフトワン」が異例の大ヒットを記録した。これを追って各社が相次いで第三のビールを投入。06年2月には第三のビールの市場規模がビール系飲料市場全体の20%を突破した。

09年にはキリンが「のどごし生」の大ヒットで9年ぶりにシェア奪回、しかし翌10年、アサヒが奪い返す。11年は「ビール」が出荷量に占める割合が年間で初めて50%を割り込む。

18年のビール類（ビール、発泡酒、第三のビール）の課税出荷量は、前年比2・5%減の3億9390万ケース（1ケースは大瓶20本換算）。前年割れは14年連続で、過去最低を記録した。要因としては長期化するビール離れ、酒の好みの多様化が進んだことが挙げられる。酒類別ではビールが5・2%減、発泡酒が8・8%減、これに対し第3のビールはPBを含めると3・7%増で5年ぶりにプラスとなった。

各社の発表に基づくシェアでは、首位のアサヒが37・4%で1・7ポイント減。2位のキリンは34・4%で2・6ポイント増だった。以下、サントリー、サッポロビール、オリオンビールと続く。メーカー別の出荷量の増減を見ると、サッポロビール8・6%減、アサヒビール6・8%減、サントリービール2・8%減となった一方、キリンビールが5・3%増で前年に引き続き独り勝ち。シェアのポイント差を前年の半分となる3ポイントに縮めている。第3のビールは7・2ポイント上がり、17年にアサヒに明け渡した首位を奪還した。

19年は10月の消費増税をにらみ、各社がキリンに対抗して第三のビールを相次いで投入。一方で25年までに段階的に酒税が一本化されることを見据えた商品開発も課題となっている。ビールにかかる酒税が下がり、発泡酒と第三のビールを含めて統一されるためだ。

なお、19年以降はビール各社の出荷量の発表が取りやめとなり、シェア算出ができなくなった。これはクラフトビールやPB商品の増加が原因で正確な市場動向の把握が難しくなったためだという。

長らく低迷していたウイスキーは、ハイボール人気などによって市場が大きく拡大した。

17年の国内ウイスキーの課税済み出荷量（国産と輸入品の合計）は、約16万キロリットルと前年に比べて1割程度拡大。08年からは2倍以上伸びている。シェアの過半を握るサントリースピリッツを追って、18年は各社がハイボールを相次いで発売した。一方、原酒不足により年代物の一部商品の販売休止を余儀なくされる。

18年のワイン課税出荷数量は国産・輸入系で前年比4・0%減だったが、10年前と比較すると約1・6倍まで拡大している。また、19年に発効した日欧EPAの効果で、輸入ワインについては2月単月で12%増となった。今後は、スパークリング、オーガニックが伸びると見られている。

配合飼料
——日本の食卓を支える1兆円産業

配合飼料メーカーの生産する飼料によって、畜産農家の牛（肉牛、乳牛）、豚、鶏（ブロイラー、採卵鶏）、そして養殖魚が飼育されている。生産規模はおよそ1兆円。いわば、家庭の食卓を支えるきわめて大規模で重要な産業なのだが、国内の畜産農家の減少などから需要は伸び悩みの傾向にある。そこで配合飼料各社は、付加価値の高い畜産品など、自社ブランド製品の開発に力を入れ、新たな需要開拓を図る。

配合飼料の原料は、とうもろこしをはじめとする穀類、ふすま、米糠などの糟糖類など。そのほとんどが輸入に頼り、中でもとうもろこしは100%依存。そのため、輸出国の収穫高、穀物相場、為替レートなどに大きく左右される。

近年の配合飼料の価格の傾向としては、06年年秋以降の配合飼料価格（全畜種平均）は、主原料であるとうもろこしの国際価格（シカゴ相場）が燃料用エタノール生産向け需要の増加により上昇したこと等から、07年1月のトン当たり約5万円から、08年11月には約6万8000円まで上昇。その後、シカゴ相場の大幅な下落により、09年4月には約5万2000円まで下落。

その後、12年6月以降シカゴ相場が高水準で推移したこと、同年11月中旬以降円安が進展したこと等から上昇傾向で推移し、14年秋以降、配合飼料価格は約6万9000円まで上昇。

さらに16年4月以降は、シカゴ相場が4年連続の米国産の豊作や世界的に豊富な在庫等により低水準で推移したこと、海上運賃も低水準で推移したこと、為替が円高傾向で推移したこと等から、約6万円台前半で低下傾向で推移。一方、同年秋以降、為替は円安に転じ、海上運賃が上昇したことから、配合飼料価格は上昇傾向で推移した。

配合飼料のシェアトップは全農（全国農業協同組合連合会）、民間の企業としてはフィード・ワン、日清丸紅飼料、日本農産工業などがあり、その他に乳業メーカーや製粉メーカーも生産している。

近年、飼料業界には大きな再編の波が押し寄せている。14年10月には協同飼料と三井物産系の日本配合飼料が経営統合、フィード・ワンを設立し、JA全農に次ぐ民間トップに躍り出た。

18年7月、配合飼料大手の日清丸紅飼料と明治子会社である明治飼糧の業務提携が明らかになった。相互に生産委託するなどして協力するのがその内容。少子高齢化や海外の畜産物流入で想定される将来的な国内市場の縮小に備えるものだ。

ペットフード
——高級志向、健康志向で市場拡大

60年に国産第一号が生まれたペットフードも、年々市場を拡大し、今後も拡大基調で推移すると見られている。さらにペット用医薬品市場も急拡大しているが、未だ海外企業からの導入品が主流となっている。

ペットフード協会の調べによると、ペットフード産業の17年度出荷総額は2876億8000万円で、対前年度比は0・7％増だった。出荷量の構成比は、国内生産品が55・3％、輸入品が44・7％。犬用47・1％、猫用47・9％、その他用4・9％となっている。

シェアトップは世界最大手のペットフードメーカーでもあるマースグループ。14年にはP&Gからペットフード事業の大半を買収した。ペディグリー、アイムス、ユーカヌバ等が代表ブランドで、傘下にロイヤルカナンも有する。グローバルでの売上は330億ドル、日本での売上は約500億円といわれる。

また、グローバル企業ネスレもマースと同様、世界でペットフードを展開する。売上高に占めるペットケアの割合は11・5％だ。ブランドは「ピュリナ」。日本におけるペットケア事業はネスレ日本が担う。

国内企業では、ユニ・チャームが「愛犬元気」「銀のさら」等のブランドを展開。北米や中国でもペットケア事業を展開している。ほかに「ビタワン」シリーズを展開する日本ペットフード、三菱商事グループで日本農産工業のグループ会社であるペットライン（「メディコート」）、ツナ缶で有名な食品メーカーのいなば食品のグループ会社であるいなばペットフード（「チャオ」）、日清製粉のグループ会社である日清ペットフード（「ジェーピースタイル」）などがある。

高単価のプレミアムフード、オーガニック野菜や牧草で育った牛などを原料とする超健康志向のフードも人気だ。15年にはユニ・チャームが世界初の電子レンジで温めて食べさせる商品を発売して話題になった。

Chapter 3

食品業界の歴史

1 食品業界前史

日本の食品業界の歴史をさかのぼっていった場合、その起点を第二次世界大戦が終結した１９４５年におくことが一般的だと思われる。

なぜなら、敗戦により壊滅状態にあった国内の食品工業界が息を吹き返し、以後、多くの加工食品が工場で大量生産されるようになり、保蔵技術や流通・小売りシステムが急速な進歩を遂げ、家電品が広く普及した結果、日本国民の食生活が一変したからである。

しかし、当然のことながら、食の歴史は人類史とともにある。というより食料の備蓄が安定した社会や富、そして争いを生み出したように、食が社会や経済、文化の成立・発展を牽引してきたのだ。

21世紀を迎えて、グローバル化がさまざまな問題を孕みつつ進展していく中、食そのもののあり方も大きな転換期にさしかかっている。ここで、よりマクロな視点から食の歴史を概観することも、食の未来を考えるうえで欠かせない視点だろう。駆け足でわが国の食の歴史をたどっていきたい。

旧石器時代から気候が変わり豊かな食生活を送った縄文時代

かつて日本列島は弓状にひと続きで、北海道がシベリアに、九州は朝鮮半島と陸続きとなっていた。今の日本海は当時、巨大な内海であり、その周囲を回るようにして、アジア大陸から人類や動物が渡ってきたのである。今から約3～5万年前。旧石器時代と呼ばれる時期だ。

この頃の日本は亜寒帯性気候のため、植物性の食料は豊富ではなく、旧石器時代人たちはナイフ型石器や石槍でナウマンゾウやオオツノジカなどの大型動物を狩猟していた。彼らは動物性の食料を中心に摂取しながら、10人前後の小集団で一定範囲内の移動生活を営んでいたと考えられている。

1万年くらい前になると気候が温暖化し、針葉樹林や草原が縮小、かわって温帯の森林が拡大してきた。大陸とつながっていた陸地は日本海に沈み、ナウマンゾウやオオツノジカなど草食大型動物も姿を消した。

こうした大規模な気候変動で、人々の食生活も大きく変わる。クリやクルミ、クヌギ、ドングリなど食べられる木の実の採集が始まり、炭水化物を効率的に摂取できるようになったのだ。

また、イノシシやニホンジカ、ウサギなどの中小動物が増え、これを捕らえるために弓矢が発明された。さらに太平洋側、日本海側とも寒流と暖流が交わるようになり、豊富な漁場が生まれた。

狩猟具、漁労具も発達し、木の実を加工するための道具や食器も作られた。人々は定住するようになり、春は野山で野草を、海で貝を獲り、夏は漁労を、空きは木の実を拾い、渡り鳥のガンやカモを捕らえ、冬から春にかけては狩猟を行った。縄文遺跡からはクマやキツネ、タヌキ、ウサギ、サルなどの骨が出土している。もっとも多いのはシカとイノシシで、こうした動物の肉を食べていた。

これが縄文人たちの食生活である。縄文時代は1万6千年くらい前から紀元前９００年頃までの時代をいうが、世界史的には中・新石器時代に相当する。旧石器時代との大きな違いは、土器と弓矢の発明、定住化と竪穴式住居の普及、貝塚の形成などだ。

以前は、縄文人は暗い竪穴で暮らす原始人というイメージで捉えられていたが、今では大規模な集落を形成し、遠方との交易も行っていたことがわかっている。

東日本と西日本では木の実や魚など食料の豊かさにおいて大きな格差があり、東高西低という様相が見られるが、人々はそれぞれの環境に適応した食生活を送っていたようである。縄文時代も時代を経るごとに東西の地域差が、土器の形状などに明確に見られるようになっていった。さまざまな形の土器は、一定の範囲内ではあるが、調理や食事の方法の多様化を表している。

さて、縄文時代の初期に2万人ほどだった日本列島の人口は、縄文中期には26万人にまで膨張したと推定されている。その背景には、安定した食料源である木の実の存在と、中でも食用にするために必須のドングリとトチノミのあく抜きを可能にした技術革新があった。

稲作農耕という大革命で文明レベルが一変した弥生時代

次の時代を画したのは、水稲農耕の伝播という大革命であった。弥生時代の始まりである。それは近年の学説では、紀元前約1000年頃とされ、従来の定説より大幅にさかのぼっている。

日本に伝播した水稲農耕の起源は中国の長江中・下流デルタ地域で、伝播ルートは朝鮮半島南部を経由して九州北部に伝えられたというのが1つの仮説。もう1つ、東シナ海を航海して直接九州北部に伝わったという説もある。

水田稲作栽培の技術は九州から近畿地方に伝わり、停滞の後、時間をかけて東日本に広がった。それは東日本の冷涼な気候に適したイネの品種がなかなか得られなかったことが1つの理由。そして、すでに縄文文化の豊かな食生活を享受して繁栄していた東日本がそれまでの生活を一変させるような新しい外来技術の導入に積極的にならなかったことも理由として挙げられている。

水田稲作栽培の普及は、日本社会のありようを大きく変えた。同時に青銅器と鉄器ももたらされ、紀元前後には鉄製の農工具が普及、貯水池や水路など安定生産のための施設も整備できるようになっていた。このような高度な技術体系に基づく安定した食料生産は、文明のレベルを大きく押し上げたのである。

こうして紀元前後の日本の総人口は約60万人となる（推定）。紀元前の200年間で3倍という爆発的な増加であった。とくに西日本では縄文時代の20倍にまで人口が増加した。縄文時代に辺境だった西日本は、稲作と金属器、そして渡来人を受け入れることで、逆に先進地域となったわけだ。

農業生産は分業化、社会の階層化を促し、集落が統合、小国が分立するようになる。富が集積し、集中する。そこで中心となったのはコメであり、やがてコメは特別な食物、貨幣的な役割を果たすもの、さらには日本の精神性の中心に位置付けられるようになっていく。日本国の美称として使われる「瑞穂の国」は、みずみずしい稲穂が実る国という意味だ（初出は『日本書紀』）。

中国文化と肉食禁止令　古代貴族社会の食生活

紀元後3世紀に邪馬台国が中国の史書に登場した後、3世紀中頃から6世紀末までを古墳時代という。その時代は、現在の奈良県に成立した大和政権が徐々に勢力を広げていく過程にあたる。

そして592年、飛鳥に宮都が置かれ、飛鳥時代が始まる。645年には大化の改新。この後、天皇を頂点とした貴族階級が支配する中央集権体制、中国の律令制を模した政治体制が整えられていく。

飛鳥時代には仏教の受容があり、奈良時代になって国家宗教となった。以降、平安時代前期の894年に遣唐使が廃止されるまで、先進国である中国から多大なる影響を受け、多くの文化を学び、吸収している。

食文化も中国の影響を強く受け、上級貴族の食卓には唐風の菓子や、酥（そ）、酪（らく）、醍醐（だいご）などの乳製品などが並んだ。平城京周辺から出土した木簡からは、乾物や塩干物など膨大な量の食料が都に集められていたことが明らかになっている。生鮮食品は贅沢品で、料理法はまだまだ単純であった。

また、僧侶たちは、当時、唐で流行していた茶をいち早く取り入れている。

一方で、下級貴族たちは玄米にヒジキなどのおかずと汁の一汁一菜が基本で、味付けは塩だけだったという。肉食忌避が浸透するにつれ、貴族の栄養バランスは崩れ、糖尿病や脚気などの病気も多かったようだ。

農民はアワ、ヒエなどの雑穀を主食とする貧しい食生活だった。彼らはコメなどの収穫物を租税として厳しく取り立てられ、労役も課せられ、苛酷な生活を余儀なくされていた。だが、ところによっては魚介のほか野生の鳥獣の肉も食べ、交易も行っていたから、貴族たちよりも良好な栄養状態だったケースもある。

675年、天武天皇の時代に最初の肉食禁止令が制定されている。罠を用いた狩猟と漁労の禁止、4月から9月までのウシ、ウマ、イヌ、サル、ニワトリの摂食禁止がその内容である。この禁令は、仏教思想に基づく無益な殺生の禁止と、農耕に必要な動物の減少抑制という2つの目的があったと考えられている。

しかし、745年には聖武天皇が魚鳥を含む一切の動物食を禁止。752年に東大寺の大仏開眼会が行われた後、755年には孝謙天皇が年内の一切の生き物の殺生を禁止。927年の法令集『延喜式』には、肉食した貴族はその後の3日間は不浄となり、宮廷で行われる浸透の行事に参加できないと定められた。その後、12世紀に至るまで、何度も肉食禁止令が発令されている。

このことはなかなか肉食の禁止が徹底しなかったことを表しているが、一方で仏教が民衆に浸透するにしたがって輪廻の観念と肉食禁忌が結びつき、さらに神道においても肉食はケガレ視された。この傾向は社会の中心が武家に変わった鎌倉時代にも引き継がれ、中世の室町時代を経て、近世の江戸後期まで、表面的には肉食を避ける食生活が続くこととなった。

貴族の大饗料理、僧侶の精進料理
武家の本膳料理、茶の湯の会席料理

大饗料理とは、古代貴族社会で行われていた接待料理の形式である。藤原氏など高位の貴族が、大臣に任じられた時や正月などに、天皇の親族を招いて行う儀式の際に供された。中国の唐文化の影響を強く受け、台盤と呼ばれるテーブルに全料理を載せ、多種の料理を並べ、料理ごとに細かな作法が求められたと記録されている。

とはいえ、料理そのものはそれほど凝ったものではなく、生物や干物などを切って並べ、自分の手前

に置かれた四種器と呼ばれる小さな皿に、塩や酢あるいは醤（ひしお）などを自ら合わせ、これに浸けて食べるというようなものだったようだ。出汁を取る、下味をつけるというような調理技術は未発達だったのである。

この大饗料理は、中国だけではなく朝鮮半島の影響も多く受けているが、一部に日本独自の特色も見られる。それは包丁で切り口を美しく見せるというスタイルである。

平安時代前期の８９４年には遣唐使が廃止され、以後、日本が中国の模倣から脱し、独自性を育てていくきっかけとなっている。

平安時代末期以降、禅宗の僧侶の間で行われた精進料理は、宋から禅宗とともに伝えられたものだが、そのルーツは古く殷の時代にさかのぼるともいう。殷の時代の祭祀同様、宋で隆盛を誇っていた禅宗では、肉食忌避の思想に基づいた精進料理が主流であった。

大饗料理とは異なり、菜食であっても動物性食料のしっかりとした味に近づけるために濃い味付けがなされていた。味噌などの調味料、根菜類の煮しめなどの調理方法、豆腐やこんにゃく、点心類などの粉ものなどの新しい食材も持ち込まれた。

また、精進料理は、僧侶自らが調理にあたることに修行として重要な意味付けがされているため、禅僧たちは料理技術を習得するとともに、食事についての精神的、哲学的考察も深めたのである。

精進料理は鎌倉時代から南北朝時代にかけてめざましい発達をみせ、その高度な調理技術は、広く一般の食にも大きな影響を与えた。

その１つが武家の本膳料理である。

10世紀から11世紀にかけて、古代貴族文化が隆盛を極めた一方で、地方の武士たちが次第に力をつけ、中央政治に影響力を持つようになっていく。

そして12世紀後半、武家が鎌倉に幕府を設立し、政治的実権を掌握。以後、鎌倉、室町時代と中世は武家の世となった。この室町期に形成されたのが本膳料理だ。

本膳料理は、大饗料理の儀式的要素と精進料理の技術的要素とが組み合わされたものとする見方もある。

本膳料理の構成は、酒を中心とした献部と食事を主とする七五三の膳部とから成り、膳には汁が伴う。こうした本膳料理が供される御成などの饗宴では、後半の献部ごとに能や狂言が演じられ、全体が終わるまでには一夜、中には3日近くも行われた例もあるようだ。

本膳料理の特徴としては、現在に続く日本料理の原型が見られることが挙げられる。それは、汁の出汁に、カツオと昆布が用いられていることだ。カツオ節が生まれたのは室町時代、昆布も遠方の三陸以北で取れるもの。いずれもそれまでの時代にはないものだった。さらにこうした料理の技術を伝承する武家料理流派が誕生し、料理書を残した。

このように本膳料理も儀式用の料理であり、料理の内容は多彩で豪華だったものの、作り置きのため冷めた状態で延々と食べるというものだった。

その一部を切り取り、茶の湯の精神と結びついて生まれたのが懐石料理である。会席料理は一汁三菜程度の料理を基本とし、季節性を重んじて旬の素材にこだわり、食器や盛り付けにも注意を払った。茶の湯の儀式と密接に関係する料理だが、温かい料理を楽しんで味わうところに力点が置かれているのが、それまでの儀式料理との大きな違いである。

中世の武家社会で多様化した食材や料理の種類

室町時代後期にはこのようにして日本料理の基本が確立し、食材や料理の種類が多様になっている。

金属製の鍋の使用により、それまでの中国伝来の煮込み料理である羹（あつもの）が煮物と汁物に分化した。蒸し物も現れた。さらに味噌としょう油も調味料として普及し始めた。

室町時代に現れたものとしては、雑炊、湯漬け、生馴れ（すしの原型）、点心、うどん、板かまぼこ、沿岸での大規模漁法、鶏肉の食用（魚介類と鶏肉は禁肉食の例外だった）、刺身、魚介料理に合わせた野菜料理の発展、豆腐の普及、柑橘類の品種拡大、社寺での酒造、砂糖ようかん、砂糖まんじゅうなどがある。本膳料理や懐石料理のような儀式料理は限定的で特殊なものではあったが、いわばその時代の食の最先端を切り開く料理様式であった。

そこから広く一般にもたらされた食材や料理法は多数あるが、鎌倉、室町、戦国期、そしてそれ以降の江戸時代を通じて、武士が担い手となった時代は、基本的に食生活は簡素で実質的なものが良しとされ、禁欲主義的な価値観がベースにある。食材は増えても、食卓は質素なものだった。

鎌倉時代の武士は農業生産に深いつながりを持っていた。この時代は、全国各地で開墾が進み、農地が拡大した。二毛作も始まり、農具の改良も進んだ。室町時代にかけては京都に座や問屋などの商業組織ができて、食品の流通も盛んになった。

当初、武士たちは朝夕2合半ずつ玄米を食べていたが、戦時には1日3食となった。中世後期にそれが日常化し、江戸時代中期には庶民も1日3食になった。

室町時代はコメの生産量が増え、庶民にも広く米食が行き渡るようになった。餅菓子やちまき、団子なども普及した。沖合魚漁が始まって魚も大量に獲れるようになった。

戦国期の1543年、ポルトガル船が日本に漂着し、ヨーロッパとの交流が始まった。そこでもたらされたのがカボチャ、スイカ、ジャガイモ、トウモロコシなどの食材と、パン、カステラ、金平糖などの加工食品である。こうした新しい食材は少しずつ庶民の間にも広がり、定着していく。

世界最大の都市・江戸で花開いた食の近代化

織田信長、豊臣秀吉の天下統一を経て、徳川家康が江戸幕府を開いたのが1603年。以後、戦乱のない安定した社会が続き、整備された五街道や東西航路を通じて、全国規模の物資の流通が盛んになり、さまざまな食材が手に入るようになった。

江戸、京都、大坂などの大都市に人口が集中し、大きな消費マーケットが生まれた。そこに投入される豊富な食材を背景に料理の幅も広がり、商業、産業も繁栄していく。

江戸中期には、江戸近郊でしょう油が生産されるようになる。現在の千葉県の銚子と野田にしょう油産業が発達したのだ。関西の「薄口しょう油」よりも濃厚で香りの高い「濃口しょう油」が江戸人の嗜好に合い、18世紀後半には千葉県産が上方のしょう油を凌駕することになる。こうしたしょう油が東京湾や房総半島、湘南沖の漁師が獲った魚介、近郊農家の名産野菜などとともに江戸の食文化を支えることになる。

江戸の住民には、関東甲信越地方から出稼ぎでやってくる職人をはじめ独身男性の占める割合が高かった。こうした独身男性のニーズに応えるかたちで明暦の大火以降、江戸市中には煮売茶屋、居酒屋、そば屋などの外食産業が隆盛した。

江戸時代の武士の食生活は基本的に質素なもので、それは将軍にしても例外ではなかった。第11代将軍家斉は、朝食と昼食が一汁四菜で、夕食が汁なしで五菜だったという。大名も同様で、苦しい藩財政の中、食事に対して好き嫌いも文句もいわない不文律があったという。下級武士に至っては、内職をしたり、町人に混じって屋台や居酒屋に通ったりした。

一方、町人の中でも豪商と呼ばれる人々の中には、高級料理屋で宴を張るなど豊富な財力を背景に食道楽を追求するものも多かった。幕府はそんな贅沢に対して何度も禁令を発したが、江戸時代の後半には、それまでの倹約を旨とする生活から、消費を享受する生活へと価値観が大きく転換していった。

地方の農民たちもムギやアワ、ヒエなどの雑穀に混ざる米の比率が徐々に高まるなど、生産力と流通の発展の恩恵を受けていたが、とくに東北地方の農民たちは、たびたび起こる飢饉による飢餓に生命を脅かされることもあった。厳しい年貢の取り立てに対しては、一揆や打ちこわしなどの行動をとり、それが江戸幕藩体制の弱体化の一要因ともなっている。

さらに幕末期、1854年に日米和親条約が締結されたのをきっかけに、欧米各国と国交開始、外国人の居留が始まり、新たに西洋の食文化が流入し始める。

2 食品産業の黎明

文明開化と急速な西洋化 和食と洋食の融合

明治維新により、日本は近代化に大きく舵を切った。旧来の風習を否定し、欧米文明を大胆に導入する方針のもと社会変革が推進されたのである。

食文化においても、西洋料理を取り入れることになったが、ここで問題となったのは、古代から延々と続いていた肉食禁止令に基づく肉食忌避の風習である。

そこで明治天皇は1872年、自ら牛肉を食べ、示達により肉食禁止を公式に解除する。実に天武天皇の禁令以来1200年のことであった。

世の中は急速な西洋化、文明開化が一気に進み、その象徴として牛鍋人気も高まった。といっても、この牛鍋は牛肉を味噌やしょう油、ネギとともに煮る日本風の鍋料理で、いわばイノシシ肉のぼたん鍋の牛肉版であったが、これをきっかけに牛肉を使った西洋料理が庶民の間に少しずつ広がっていく。

ライスカレーやいもコロッケなどが全国に広がっていったのは、軍隊の兵食と女学校の料理教育、そして出版ジャーナリズムの影響である。

また、日清日露戦争以後は、トウモロコシ、インゲン、ホウレンソウ、キャベツ、タマネギ、レタス、アスパラ、パセリなどの西洋野菜も一般化する。

明治時代から大正時代にかけては富国強兵政策のもと、重工業の発展、中国大陸や朝鮮半島への資本進出を背景にした資本主義経済の発展とともに、都市部の市民階級の間に生活の洋風化、食事の洋風化が浸透していった。

このように食生活の西洋化が急速に進んだのは確かだが、味付けや献立など日本料理のエッセンスは失われず、時に大胆な西洋料理のアレンジも行われた。いわば和食と洋食との融合や共存が図られていったともいえる。

しかし、昭和時代になって経済恐慌、軍部の暴走から中国への侵略戦争が拡大していくにつれ、軍事産業が優先され、生活水準も低下していく。第二次大戦中には、食糧事情は悪化する一方で耐乏生活が強いられ、「ぜいたくは敵だ」のスローガンのもと、飲食を享受することは悪とする風潮が社会を支配する。戦争が激化するにつれ深刻な食料不足となり、戦争末期にはサツマイモの配給に頼るような壊滅的な状況になっていた。

産声を上げた食品産業 明治時代前半の食品業界

明治維新から戦前にかけて、食の変化と消費化はきわめて大きいものがあったが、それでも食品工業と呼べる産業はまだまだ限られていた。

それはまだ加工食品の技術が発展途上だったためである。戦前日本の食品工業はほぼ、飲料、酒、調味料と菓子類くらいに限られる。

今となっては実感を持ちにくいが、電気冷蔵庫が普及したのは戦後1950年代後半からの高度成長期。それまではせいぜい氷を使った氷式冷蔵庫を使うような生活だった。電子レンジに至っては、世帯普及率が10％を超えたのが1970年代中盤である。

それでも明治初年から食品業界の胎動は見られる。以下、特記すべき出来事を挙げていこう。

【1869年（明治元年）】
・風月堂が薩摩藩に東北征討用兵糧パン5000人分を納入
・イギリス人経営のノースレー商会が横浜の居留地で清涼飲料水の製造開始
【1869年（明治2年）】
・町田房蔵がアイスクリームを日本で初めて製造販売
【1870年（明治3年）】

・コープランドが横浜にビール醸造所「スプリング・バレー・ブルワリー」設立（明治17年公売に付され、跡地には麒麟麦酒の前身が設立された）

【1871年（明治4年）】
・長崎の松田雅典がイワシ油漬け缶詰を試作

【1872年（明治5年）】
・片岡伊右衛門が工場を設立し、日本人として初めてハム製造を始める
・開拓史が札幌に官営製粉工場を設置し、操業開始

【1873年（明治6年）】
・北海道七重勧業試験場でバター、粉乳を試作

【1876年（明治9年）】
・日本初の官営ビール工場である開拓使麦酒醸造所竣工（サッポロビールの前身）

【1879年（明治12年）】
・雨宮敬次郎が米国製石臼製粉器を備えた製粉工場「泰靖社」を設立（のちの日本製粉）

【1880年（明治13年）】
・中部幾次郎が家業の鮮魚仲買・運搬業に従事（マルハの創業）
・国分勘兵衛（9代）が食品卸問屋「国分商店」を開店

明治時代の前半はビール会社の動きが活発だ。明治政府は法整備を進め、産業の保護育成に注力する。しかし、西南戦争やコレラの流行など、社会はまだ不安定であった。

明治時代後半の食品業界
全国レベルの有名ブランドが誕生

【1891年（明治24年）】
・大阪麦酒吹田村醸造所（アサヒビールの前身）が完成
・岩手県に小岩井農場設立

【1894年（明治27年）】
・日清戦争により牛肉大和煮、サバ・サケ缶詰、ビスケットなどの需要が増大

【1895年（明治28年）】

・日本初の近代的な精製糖会社、日本精製糖株式会社発足（のちの大日本製糖）

【1896年（明治29年）】

・木村幸次郎が大阪市に山城屋（イカリソースの前身）を開店。本格的なソースの発売が始まる

・井村和蔵が三重県で菓子製造を始める（井村屋製菓の起源）

【1899年（明治32年）】

・鳥井信次郎が大阪市で鳥井商店を開業し、ブドウ酒の製造・販売を開始する（のちのサントリー）

・森永太一郎が東京赤坂に製菓工場を建設、森永西洋菓子製造所としてキャンディの製造に着手（のちの森永製菓）

・蟹江一太郎（カゴメ創業者）が西洋野菜の栽培に着手し、最初のトマトの発芽をみる

【1900年（明治33年）】

・群馬県に館林製粉株式会社設立（日清製粉の前身）

【1902年（明治35年）】

・台湾製糖が製糖開始

【1904年（明治37年）】

・野田醤油醸造組合が野田醤油醸造試験所（キッコーマン中央研究所の前身）を設立

・日露戦争のためビスケット業界が躍進する

【1905年（明治38年）】

・全国缶詰行連合会（大日本缶詰行連合会の前身）設立

【1906年（明治39年）】

・日本・札幌・大阪の三大麦酒会社が合併し、大日本麦酒設立

・東洋水産株式会社設立

・ビール会社が最盛期の100社余りから32社になり、ビール業界の再編がほぼ完了

【1907年（明治40年）】

・明治屋の米井源次郎社長らが横浜のジャパン・ブルワリー・カンパニーを買収して麒麟麦酒株式会社を設立

・日清豆粕製造株式会社（日清オイリオグループの前身）を創立

・大日本捕鯨株式会社設立、大日本遠洋漁業株式会社設立、日本製氷株式会社設立

【1908年（明治41年）】
池田菊苗が昆布のうま味成分の抽出に成功し、鈴木三郎助が製造法の工業化を引き受ける（「味の素」の商品化）

【1910年（明治43年）】
・藤井林右衛門が横浜に不二家洋菓子舗を創業

明治後半になると、現在にもつながる企業の名前が現れてくる。鉄道・道路網の発達、電力の活用などによって、全国を市場とする食品の工業生産が始まったのだ。

その先駆けとなったのは製粉業、製糖業、ビール醸造業。続いて缶詰、清酒、しょう油の工業的生産が始まった。瓶詰、缶詰により、生産地から離れた場所へ届けることが可能になり、広告宣伝により全国的なブランドが多数誕生した。

欧米に製法を学んだ菓子類、酒類、清涼飲料水などは、それまでの小規模な手作り製品から、工場生産による工業製品に姿を変えることで全国に普及したのである。

順調に発展する食品企業　大正時代の食品業界

【1913年（大正2年）】
・浦上靖介が大阪で浦上商店（ハウス食品の前身）を創業
・堤商会（旧ニチロの前身）がカムチャツカ工場で「あけぼの印」サケ缶製造を開始
・ネッスル（ネスレ）・アングロ・スイス煉乳会社が日本支店を横浜市に開設

【1914年（大正3年）】
・合資会社寿屋洋酒店（サントリーの前身）設立
・日魯漁業株式会社（旧ニチロの前身）設立

【1916年（大正5年）】
・東京菓子株式会社（明治製菓の前身）設立

【1917年（大正6年）】
・千葉県野田町の茂木・高梨一族8家の醸造家が合同し野田醤油株式会社（キッコーマンの前

身）を設立
・極東煉乳株式会社（明治乳業の前身）設立
【1919年（大正8年）】
・ラクトー（カルピスの前身）が乳酸菌飲料「カルピス」を発売
・森永製菓初めての国産ミルクココアを発売
・寿屋洋酒店（サントリーの前身）「トリスウイスキー」発売
・中島董一郎が食品工業（キユーピーの前身）を設立
・明治屋が「コカコーラ」を輸入販売
【1921年（大正10年）】
・鎌倉ハム富岡商会が初めて冷蔵庫を設置し、年間常時ハム製造を可能とする
・極東煉乳株式会社（明治乳業の前身）が初の工業的アイスクリームを製造
【1922年（大正11年）】
・江崎商店（江崎グリコの前身）が大阪三越デパートで栄養菓子「グリコ」を売り出す
【1924年（大正13年）】
・寿屋（サントリーの前身）が日本初のウイスキー工場を山崎に完成
【1925年（大正14年）】
・北海道製酪販売組合（雪印乳業の前身）設立
・食品工業株式会社が国産初のマヨネーズ「キユーピーマヨネーズ」を製造販売
【1926年（大正15年・昭和元年）】
・山崎峯次郎が日賀志屋（エスビー食品の前身）を設立

大正時代は社会運動が盛んだった大正デモクラシーの時代であるとともに、経済的には第一次世界大戦によるバブル景気と戦後恐慌という浮き沈みの激しい時代だった。

また1923年には関東大震災が起こり、食品企業各社も大きな被害を被った。そんな中、被災者に商品の無料提供を行うなど、救援活動に力を入れた企業も多く現れている。

動乱の時代に翻弄される食品企業 昭和初期・戦前の食品業界

【1927年（昭和2年）】
・神戸の商社・鈴木商店が破綻し、取り引きを行っていた食品業界も大打撃を受ける

【1929年（昭和4年）】
・寿屋（サントリーの前身）が日本初の本格ウイスキー「サントリーウイスキー白札」を発売
・わが国初のパン用イースト製造会社であるオリエント酵母工業株式会社設立

【1931年（昭和6年）】
・竹岸政則が竹岸ハム商会（プリマハムの前身）を開設

【1933年（昭和8年）】
・前年に成立した満州国に食品企業の進出が始まる

【1934年（昭和9年）】
・竹鶴政孝ら大日本果汁株式会社（ニッカウヰスキーの前身）を設立
・味の素本舗株式会社鈴木商店が昭和酒造株式会社（メルシャンの前身）設立

【1936年（昭和11年）】
・林兼商店（旧マルハの前身）傘下の大洋捕鯨株式会社が日本船による南氷洋捕鯨開始

【1937年（昭和12年）】
・日中戦争が勃発し、食料に対する国家統制が始まる

【1938年（昭和13年）】
・国家総動員法が公布され、統制経済体制が強化。戦費調達のため、物品税、酒税、砂糖消費税などが増税され、企業経営を圧迫

【1939年（昭和14年）】
・物価高騰に対処する物品販売価格取締規則により、しょう油、味噌、砂糖、コーヒー、清涼飲料、清酒、ビールなどが価格統制の対象となる

【1940年（昭和15年）】
・砂糖、小麦、青果物、ビールなどに配給制度が導入される
・米、味噌、しょう油、塩、砂糖、卵、マッチ、

木炭など10品目の生活必需物資については切符制が採用される

【１９４１年（昭和16年）】

・食に関するあらゆる物資に配給統制制度が導入される

【１９４２年（昭和17年）】

・企業整備令が施行され、食品企業の統廃合が進む

【１９４３年（昭和18年）】

・食品工場の多くが軍事関係の製造場へと転用され始める

【１９４４年（昭和19年）】

・小麦や砂糖など食品原材料の輸入が途絶、労働力不足も深刻化する

【１９４５年（昭和20年）】

度重なる大空襲により食品工場の大多数が消失、物資の輸送も困難になり、全産業の企業活動は麻痺状態に陥る

昭和時代の始まりは金融恐慌、そして１９３１年には満州事変が勃発し、15年に及ぶ戦争の時代に突入する。翌32年には満州国が成立。36年には２・26事件が起こり軍部の勢力が一段と強まった。

37年には盧溝橋事件が起こり日中戦争へ。戦時体制が強化される中41年には米国に対して宣戦布告し、太平洋戦争に突入した。42年には日本本土が空襲を受けるとともに、海外でも戦況が悪化する。45年８月、ポツダム宣言を受諾して降伏、３年８カ月に及ぶ太平洋戦争が終結した。

3

戦後食品産業の復興と発展

戦後ゼロからの出発
１９４５〜１９５２年

１９４５年（昭和20年）、太平洋戦争の敗戦によって、日本人の食生活は困窮を極めていた。この年、国民１人当たりのカロリーは、平均で１日１５００キロカロリーに満たなかったといわれる。食事は雑草入りのすいとん、芋のつるを加えた雑炊、乾燥芋。食料不足は深刻で、餓死のニュースも珍しいことではなかった。

食品業界も、戦時中に開拓した市場を失い、領土返還によって資源の補給も途絶、さらに大量の復員兵により、需給のバランスが崩壊。加えて生産設備は戦火で焼け、ほとんど稼働は停止していた。まさにゼロからの出発だったわけだ。

さらに凶作による食料不足、インフレの急激な進行で、食料事情は深刻を極めた。

しかし、翌年には戦災復興金融制度によって生産設備が修復、生産も徐々に開始された。やがて農村も復興し、輸入農産物も増加し、賃金も上昇し始める。

こうした混乱の時代を経て、50年（昭和25年）６月、朝鮮戦争前後には食料品の統制が解除された。朝鮮戦争の特需もあって、51年には日本経済は戦前レベルまでに回復し、食料不足も次第に解消へと向かう。サンフランシスコ条約締結により国際社会への復帰も実現した。いよいよ時代は次のステージへと向かう。

【１９４５年（昭和20年）】

・学校給食始まる。アメリカの支援でパンとミルクとおかずというスタイルとなる

【1947年（昭和22年）】

・超インフレが進行。たとえばビールの大ビンが2月7円、4月20円、12月40円と推移した

【1950年（昭和25年）】

・カカオ豆の輸入再開。チョコレートの本格的製造が始まる

【1951年（昭和26年）】

・豚価最低となる。完全自由化・合理化を図り、肉食普及の基礎固まる

食の近代化と急成長 1953〜1964年

1953年（昭和28年）には砂糖の統制が解除され、各社がいっせいにキャラメルを発売するという象徴的な出来事があった。この頃、日本人の栄養状況はほぼ戦前の水準まで回復している。

そして「もはや戦後ではない」というセリフが経済白書に登場し、流行語となったのは、56年（昭和31年）。その前年に、日本は「関税及び貿易に関する一般協定（GATT）」に加入しており、こうした自由貿易への移行は、食品製造原料の輸入自由化も促進することになった。神武景気を背景に、食品産業の機械化、連続化の進歩による規格品の量産体制が軌道に乗り始めたのもこの頃である。

昭和30年代に入ると、家庭電化が本格的に浸透し、国民の食生活も激変している。食生活の水準は戦前を上回り、内容も大きく変化した。主食では米麦が減り、パン類が増加。副食では肉、乳、卵が伸び、芋類が減少。調味料では味噌やしょう油に比べてマヨネーズ、化学調味料、食用油が大きな伸びを示している。ひとことでいえば、食生活の洋風化だ。量だけでなく、質の高度化を伴った近代化である。

こうした状況下で加工食品の利用度も増え、インスタント食品が相次いで登場する。粉末ジュースが大ヒットしたのもこの頃。インスタントコーヒーが初登場したのは60年（昭和35年）、翌年には紅茶のティーバッグが発売されている。

【1953年（昭和28年）】
・ウスターソース類の生産、戦前の水準に回復
【1958年（昭和33年）】
・日清食品が「チキンラーメン」を発売
・キユーピーが初めてのドレッシング「フレンチドレッシング」を発売
【1960年（昭和35年）】
・森永製菓より国内初のインスタントコーヒー発売
・協同飼料がペットフード「ビタワン」を全国販売開始
【1962年（昭和37年）】
・パッケージ入りインスタントハンバーグが人気に
【1963年（昭和38年）】
・スナック菓子ブーム始まる（75年までの代表は「えびせん」「カール」）
【1964年（昭和39年）】
・東京オリンピックを機にピザの輸入開始。国内生産も始まる

食品工業の拡大～オイルショック 1965～1974年

昭和40年代に入ると、国民所得の上昇、平準化がいちだんと進んだ。世は昭和元禄の大型消費景気に浮かれて、インスタント食品を牽引する加工食品の質が急激に向上した。所得の向上は生活のレベルを引き上げ、副食品や嗜好品の利用率も高めた。加工食品もどんどん高次化、新製品が続々と生み出され、食品工業も驚異的に拡大することになる。

この前段階として、1963年（昭和38年）に、スーパーマーケットが「流通革命の旗手」として旋風を巻き起こしたことも記憶にとどめておきたい。大量仕入、薄利多売のスーパー商法が全国に進出し始めたことが、この後の食品流通の形態を大きく近代化させるきっかけとなっているからだ。

さて、70年（昭和45年）前後になると、日本の食品産業の売上高は毎年平均10％近く伸び続けている。70年に大阪で開催された万博は、まさに高度成長から経済大国となった日本を象徴するようなイベント

だった。

翌71年（昭和46年）にはマクドナルド・ハンバーガーが銀座に第1号店を出店。カップヌードルもこの年に発売され、大人気商品となる。そしてワインブーム。日本の食品工業はますます拡大していくかに見えたのだが……。73年（昭和48年）10月、第四次中東戦争によるオイルショックが日本を襲う。


【1968年（昭和43年）】
・チクロショック。合成甘味料チクロの有害性が立証され使用禁止へ。チクロを使用し、それまで好評だった粉末のフルーツ系ジュースに大打撃を与えた

【1969年（昭和44年）】
・レトルト食品の包装材を現在のアルミ箔に改良。以後現在に至るまで新製品のラッシュが始まる
・㈳日本冷凍食品協会設立。品質管理体制の推進とPRに努め、メーカーの努力と相乗効果で冷凍食品事業が開花

【1070年（昭和45年）前後】
・乳酸菌飲料が急伸

【1971年（昭和46年）】
・UCC上島珈琲が世界初の缶コーヒーを発売

◎転換期から飽食の時代へ 1975～1984年

オイルショックは「使い捨て賛美の高度成長時代」を「節約を美徳とする省エネ時代」へと変えた。そして、国民所得の伸び悩み、人口増加率の低下という要因もあり、昭和50年代になって食品業界の伸び率が急激に鈍化し始めた。

1978年（昭和53年）には、日本人のカロリー摂取量が1日2500キロカロリーを超えたところでついに頭打ちとなる。これは日本人の食生活がすでに量的な満足を獲得したということであった。ここまでの食品業界がひたすら邁進してきた量的拡大の道も、ここに転換を余儀なくされるわけである。量から質への転換だ。

一方、ファミリーレストランやファストフードなどの外食産業も大きく発展し、外食スタイルが深く

浸透していく。同時に家庭での調理簡便化志向が生まれ、冷凍食品が大きく拡大した。

80年代に入ると、ライフスタイルの多様化がいちだんと進行。健康志向の高まりやスポーツブームを背景に、スポーツドリンクが爆発的に売れたのも80年になってからだ。80年代前半は、高級即席めん、トロピカルドリンク、チューハイなどが人気を集めた。

世相はテクノポップからブランドブームへ。食のパーソナル化（個食化）、グルメ化（高級志向）が進み、「飽食」と呼ばれるほどまでになったのである。

【１９７５年（昭和50年）】
・宝酒造が家庭向けにみりんを発売

【１０７５年（昭和50年）～】
・ヨーグルト、プリン、ゼリーなどのチルドデザートの消費量急増。デザートの習慣が定着していく

【１９７８年（昭和53年）】
・クレープが街頭で売られ、若者を中心に流行する
・ウーロン茶ブーム到来（リーフティーの形で）
・84～87年　第2次ブーム到来（缶飲料の形で）

バブルの宴から自然志向へ 1985～1994年

そして80年代後半は、日本全国がバブル景気に浮かれた。人は夜ごとの宴を貪欲に味わい尽くし、全てのモノは高級化、高機能化、ファッション化、貴族化、成熟化に向かってまっしぐら。食の世界も例外ではない。誰もがグルメを気取り、87年には金箔入り食品ブームなども起こった。だが、そんな消費と蕩尽にも限りがある。狂乱の夢は突然はじけた。91年の終わりから、新しい時代が始まる。

不景気になって家庭で鍋を囲むことが多くなり、しょう油やポン酢などが売り上げを伸ばしたなどと話題になった。個人消費は伸び悩み、人々はシンプルでナチュラルなものを求める気分になっていく。それは自然志向、本物志向と呼ばれた。

そんなライフスタイルの変化に合わせるように、外食でも（家庭）内食でもない「中食」という概念が生まれる。「家庭内の人が調理し、それを外で食べる」あるいは「家庭外の人が調理し、それを家庭内で食べる」というような形態だ。

また、91年には牛肉、オレンジの輸入自由化が始まっている。これはその後の農産物の輸入自由化の先駆けとなるものだった（95年の新食糧法施行によってほぼ完全な輸入自由化が実現）。食品業界を取り巻く環境も大きな変革の時代を迎えつつあった。大手スーパーのプライベートブランド（ＰＢ）が人気を集め、大手食品メーカーに脅威を与えたのもこの頃である。94年には発泡酒が登場した。

【１９８５年（昭和60年）】
・ロングライフミルク、厚生省（当時）が認可。以後海外へ進出
・マヨネーズの年間消費量が世界第3位になる
・電子レンジの普及率42・8％。

【１０８７年（昭和62年）】
・「グルメ」が流行語に

【１９８８年（昭和63年）】
・牛肉・オレンジ輸入自由化合意

【１９８９年（昭和64年）】
・「カウチポテト族」が流行語に

【１９９１年（平成3年）】
・特定保健用食品制度化。カルピスウォーター大ヒット

【１９９２年（平成4年）】
・もつ鍋、屋台ブーム

【１９９３年（平成5年）】
・コメ凶作による米不足が深刻化

【１９９４年（平成6年）】
・発泡酒登場、地ビールブーム。テレビ番組「料理の鉄人」人気。遺伝子組み換え食品、米国で商品化

安全がテーマの時代へ　1995～2004年

平成不況は長期化・深刻化しつつあった。90年代後半になっても一向に景気は上向かない。97年末にはついに東証一部上場の総合食品商社・東食が破綻するという衝撃が走った。

一方で食の安全に関わる問題がこの頃から頻出するようになる。

96年は春から夏にかけてＯ１５７による食中毒事件が発生。衛生安全への消費者意識が一気に高まった。98年には環境ホルモン問題が注目を集める。99年春には所沢産の野菜から高濃度のダイオキシンが検出されたという報道をきっかけに、97年から不安が広がっていたダイオキシン問題に火がつく。99年には、遺伝子組み換え食品や食品添加物の危険性についての議論も沸騰した。消費者の環境や安全に対する意識はこの90年代半ば以降に急速に盛り上がったといえる。

２０００年４月に施行された改正ＪＡＳ法では、全ての食品に品質表示が義務付けられ、有機食品についての新たな規格も設けられることになった。

ところが同年夏、信じられない事件が起きた。雪印乳業の食中毒事件である（その後のさまざまな事件の連鎖については次項を参照してほしい）。食品業界はこれまでの衛生管理や危機管理、情報開示の方法について見直しを迫られる。消費者の信頼回復が大きなテーマとして浮上してきたのだ。

【１９９５年（平成7年）】
・電子レンジの普及率87・２％

【１９９６年（平成8年）】
・英で狂牛病発生。Ｏ１５７による集団食中毒発生

【１９９７年（平成9年）】
・容器包装リサイクル法施行

【１９９８年（平成10年）】
・キシリトールガム人気。「桃の天然水」（ＪＴ）

【１９９９年（平成11年）】
・「ハチミツ黒酢ダイエット」（タマノイ）

【２０００年（平成12年）】
・雪印乳業の集団食中毒事件発生

【２００１年（平成13年）】
・ＢＳＥ感染牛が日本で発生

【２００２年（平成14年）】
・雪印食品、日本ハムの牛肉偽装事件発覚。「トルコ風アイス」（雪印乳業）

【２００３年（平成15年）】
・食品安全基本法が成立。「暴君ハバネロ」（東ハト）大ヒット、激辛ブーム再燃。「ヘルシア緑茶」（花王）

【２００４年（平成16年）】
・国内で鳥インフルエンザ発生

とくに２０００年代に入ってから、食品安全関連の不祥事が多発した。中には02年をピークに「食品パニック」が起こったと分析する社会研究の論文もあるくらいだ。その引き金となったのはＢＳＥ牛の発生だが、直接関連のない事件・不祥事も連鎖的にニュースとなった。

これまで表面化しなかった不正や問題が一気に噴出したともいえるが、その背景としては食に対する不信感があり、それを一種の社会不安が後押しした構造がある。

食品に関する事件や不祥事の報道件数は08年をピークに大きく減少しているが、企業・消費者ともに「食の安心・安全」に対する意識が大きく変化し、その流れは定着して続いている。

次項では、そうした事件史に注目してみたい。

4 食の安全を脅かした事件史

安全・安心のために食品業界が守るべきもの

食品業界には負の歴史がある。それは食品の安全性に関わる事件の歴史だ。

できれば本書のような書籍では、業界の明るい側面だけに光を当てたい。しかし、一方でこうした暗部から目をそむけては、業界の全体像を描くことはできないだろう。実際、企業の存続すら危うくするような食に関わる不祥事、組織ぐるみの犯罪は、たびたび繰り返されているのだ。

もちろん、多くの企業は食の安全に真摯に取り組んでいるが、こうした事件によって、食に対する消費者の信頼が大きく揺らいでいることも事実である。「安全、安心」は食品業界がよって立つもっとも重要な基盤だ。

食に対する信頼をいかに回復していくか、それは食品業界全体で真剣に取り組んでいくべきテーマなのだ。そのためには、不祥事の歴史をしっかり振り返っておく必要がある。

O157による食中毒事件 1996年

1996年7月、大阪府堺市で学校給食を原因として9500人を超える大規模な集団食中毒が発生。その原因は「病原性大腸菌O157」による食中毒とされたが、なかなか感染源である原因食品の特定ができないまま、その後も全国各地でO157による食中毒が続発する。最終的にこの年の発生件数は87件、死者は8人を数えた。

98年5月上旬～6月中旬にかけては、北海道産イクラ醤油漬を原因とするO157による食中毒が発生した。感染者は富山県、東京都を中心に7都府県で62名。99年3月には、神奈川県川崎市で子供会で配られたおやつ珍味の乾燥イカ菓子が原因の食中毒が発生した。川崎市の調査で、患者及びイカ菓子からサルモレラ菌を検出。調査の結果、水産会社のイカ乾製品は受注に応じたさまざまな形態で出荷され、出荷後から小売販売店に並ぶまでに、多数の小分け業者、卸業者、中間業者等が介在し、21品目もの多数の商品名がつけられ、複雑多岐な流通形態をとって全国に流通していたことが明らかとなった。

こうした食中毒事件は直接、食品業界（食品工業界）が当事者として関わる事件ではなかったが、大々的に報道されることによって、食品業界にも大きな影響を与えている。

直接的には、生鮮食料品の売れ行き激減、無菌イメージの強いミネラルウォーターや即席めん、無菌パック米飯などの売り上げ増進、さらに各種食中毒菌の殺菌・増殖抑制効果があるといわれる食酢、納豆、乳酸菌飲料が売り上げを伸ばしたことなどである。こうした現象は現在から見れば短期的な影響ではあったが、この時に注目された殺菌効果のような「食品の持つ機能」については、その後も消費者の関心を集め続けている。

各社が積極的に取り組むHACCPによる衛生管理

また、一連の食中毒事件を契機として、食品メーカーの衛生管理にも、より高度な安全性が要求されるようになった。そこで食品メーカー各社が導入し始めたのがHACCP（ハサップ＝Hazard Analysis Critical Control Point）と呼ばれる衛生管理方法のシステムである。

これはもともと、アメリカのNASA（米航空宇宙局）が宇宙食の安全確保のために開発した品質管理プログラムで、細菌や微生物による食品汚染を防ぐことを目的としたものだ。具体的には、製造の全ての工程で発生するおそれのある微生物汚染について調査・分析し、とくに厳重な管理を行う箇所と管理事項・基準を定め常時モニターするとともに記録をファイル化、修正措置をあらかじめ用意して、不測の事態に対して迅速な対応がとれるようにしている。品質不良が発生した場合には網目のようなチャートをさかのぼり、即座に原因を特定できるというものだ。

これは、従来行われていたような、最終製品のランダムな抜き取り検査による衛生管理とは根本的に異なるもので、欧米を中心に国際的な基準となっている。

日本では95年に厚生省（当時）による任意の承認制度としてスタート、食肉・乳業メーカーでいち早く導入を果たした。とくに乳業大手3社では全工場で実施するなど、積極的な取り組みを見せた。HACCPの承認を得るためには膨大な時間と費用が必要で、それだけに優秀な衛生管理のお墨つきとして信頼が高かったのである。

その後、HACCPの対象品目は牛乳・乳製品、食肉製品、レトルト食品、清涼飲料など徐々に拡大され、各社はその導入に積極的な姿勢を見せている。基準が定められていないため対象品目となっていない分野でも、HACCPと同等の衛生管理システム作りを行っているところもある。

雪印集団食中毒事件 2000年

そして2000年、食品業界を揺るがす大事件が発生する。6月から7月にかけて起こった、近畿地方を中心に、雪印の乳製品（主に低脂肪乳）による集団食中毒事件だ。中毒の認定者は1万4780人を数え、戦後最大の集団食中毒事件となった。

ところが、この事件が発生するまで、乳業業界は「衛生管理のトップランナー」と自負していたというのである。98年1月、厚生省の定めるHACCPの基準「総合衛生管理製造過程」の承認を最初に取得したのが、雪印乳業など乳業大手だったからだ。

HACCP取得のため、乳業各社は一斉に全製造工程の作業手順をマニュアル化し、それは1工場当たり厚さ7、8センチのファイル2冊分に及んだという。その緻密なマニュアルが先進的な取り組みとして知られるようになり、食品業界ではHACCPやISOなどを取得するためにマニュアル作りが重要視された。しかし、緻密なマニュアルを作成することと、それを実際に運用すること、また、マニュアル外の事態にいかに対応するかは別の問題になる。雪印は工場のバルブの洗浄などをマニュアル通りに作業しておらず、また脱脂粉乳から毒素が見つかった大樹工場では、停電というマニュアルの想定外の事態が発生した時に対応を誤った。その結果、集団食中毒事件となったのである。

その経緯は以下のようになる。

2000年6月25日、雪印乳業大阪工場で製造された「雪印低脂肪乳」を飲んだ子供に嘔吐や下痢などの症状が現れた。27日に大阪市内の病院から大阪市保健所に食中毒の疑いが通報された。29日に事件のプレス発表と約30万個の製品の回収が行われたが、その後、被害の申告者が爆発的に増え、大阪府、兵庫県、和歌山県など広範囲にわたって1万4000人を超える食中毒被害者が発生したのである。

7月1日に行われた会社側の記者会見では、大阪工場の逆流防止弁の洗浄不足による汚染が明らかにされたが、大阪府警のその後の捜査により、大阪工場での製品の原料となる脱脂粉乳を生産していた北海道広尾郡大樹町にある大樹工場での汚染が原因であることが判明した。

同年3月、大樹工場の生産設備で氷柱の落下により3時間の停電が発生し、同工場内のタンクにあった脱脂乳が20度以上にまで温められたまま約4時間滞留するという事故が発生していた。その間に、病原性黄色ブドウ球菌が増殖して毒素（エンテロトキシンA）が発生したのである。

また、記者会見の際の企業の対応も消費者の反感を呼んだ。結果として、雪印グループ各社の全生産工場の操業が全面的に停止する事態にもなり、スーパーなど小売店から雪印グループの商品が全品撤去され、ブランドイメージも急激に低下。グループ会社全体の経営が悪化することになったのだ。

雪印集団食中毒事件は社会に大きな動揺を与えた。一流食品企業への信頼とはなんだったのか。消費者の厳しい目は乳製品以外の食品にも向けられ、00年夏以降、パンや菓子、飲料、缶詰などの食品への異物混入（虫など）が相次いで発覚し、一部製品回収も起こっている。

BSEと牛肉偽装事件 2001〜2002年

ＢＳＥ（牛海綿状脳症）は牛の病気の1つで、狂牛病ともいわれる。ＢＳＥプリオンと呼ばれる病原体に牛が感染した場合、牛の脳の組織がスポンジ状になり、異常行動、運動失調などを示し、死亡する。その原因はＢＳＥに感染した牛の脳や脊髄などを原料とした餌が、他の牛に与えられたことと考えられている。このＢＳＥが初めて確認されたのが、86年の英国だった。

当初は、ヒトへの経口感染はないと考えられていたが、90年代前半までに英国を中心に発生していた変異型クロイツフェルト・ヤコブ病が、牛海綿状脳症が食物を通して感染した確率の高いことが疫学的に証明された。患者数は少ないが、ヒトへの経口感染は起こりうるとされたのである。ただし、どのように感染し発病するのかは、現在でも明らかでなく、各国で研究が続けられている。

雪印集団食中毒事件の記憶もまだ生々しい01年9月、千葉県内で飼育されていた牛にＢＳＥ発症の疑いがあることが農林水産省から発表され、国内に衝撃が走った。消費者の間に不安が高まり、急速な牛肉離れ、価格の下落が起こる中、10月に食用牛の全頭検査が導入されるなどの対応がされ、それ以前に解体処理された国産牛が市場に出回るのを防ぐために国産牛肉買取制度が実施された。これは、農林水産省の外郭団体である農畜産業振興事業団が業界6団体を通じて、対象となる牛肉を食肉会社から買い取り、業者は事業団に補助金を申請するしくみである。

しかし、この制度を悪用し、輸入牛肉を国産牛肉と偽って補助金を搾取しようとした事件が発覚した。それが02年1月。雪印乳業の子会社である雪印食品関西ミートセンターのスタッフが、輸入牛肉を国産牛肉のパッケージに詰め込み、農林水産賞に買い取り費用を不正請求したのだ。しかも、この偽装工作が組織的に行われており、合計30トンにも及んだこと、買取制度を利用するためだけでなく、その前から肉の産地の偽装が繰り返し行われていたことも明るみに出た。

この事件を起こしたのが、1年半ほど前に集団食中毒事件を起こしたばかりの雪印食品の子会社であることが、消費者の怒りを買い、小売業では急速に雪印食品の製品撤去が始まった。しかも、雪印食品の食肉だけでなく、乳製品などそのほかの雪印商品にもその動きは広がった。雪印乳業の株価も暴落する。

そもそもこの事件は、集団食中毒事件の影響による経営悪化に加えて、ＢＳＥ問題で苦境に立った雪印食品が立て直しを図って不正に走ったのがその原因ともいわれているが、これで雪印グループの信用失墜はもはや回復不能なレベルに達したのである。

02年8月には、日本ハムの牛肉偽装、証拠隠滅行為が発覚。流通各社は日本ハム商品を軒並み撤去する。消費者の強い批判を受け、創業者会長の辞任、社長の降格などの社内処分が行われた。

この時期に起きた事件としては次のようなものがある。

00年代前半の食の安全関連ニュース 2001〜2006年

このほか、00年代前半には、食の安全に関連するさまざまなニュースがあった。

・01年6月以降、国内では使用が承認されていない遺伝子組み換えジャガイモが使われていたスナック菓子などが相次いで自主回収となる。

・02年5月、中国から輸入された冷凍ホウレンソウに基準を超えた残留農薬が検出され、回収が相次ぐ。

・02年6月、無認可添加物が含まれた香料を使用した製品を大手食品各社が自主回収。その香料は４００種類以上、食品メーカーは約６００社に及ぶ。史上例のない大規模な商品回収となる。

・03年5月、大手清涼飲料メーカー3社から発売された新製品が次々と自主回収。使用されていた香料に微量の違法成分が含まれていたため

（欧米では使用が認められている）。

・03年12月、米国でのＢＳＥ感染の疑いのある牛が確認される。米国産牛肉とその加工品の輸入禁止措置により、牛丼チェーン店などが販売停止に追い込まれたが、外食産業だけでなく、食品メーカーも大きな影響を受けた。

・03年12月、日本ハムの養豚事業で、無認可ワクチンを使用していたことが発覚。翌04年3月には、農水省が日本ハムの子会社3社を、薬事法や家畜伝染病予防法違反として刑事告発した。

・04年1月、山口県で日本国内としては79年ぶりに鳥インフルエンザが発生。次いでタイ、中国からの鶏加工品輸入停止措置がとられる。両国で相次いで鳥インフルエンザの感染が発覚したためだ。さらに2月末には京都府丹波町の浅田農産船井農場で、感染の疑いがあるにもかかわらず事実を隠蔽し、鶏肉を出荷していたことが判明。翌3月には批判を受けた会長夫妻が自殺するという痛ましい結果を招いた。

・05年3月、カルビーの子会社カルビーポテトが、防疫検査を受けていないジャガイモの種芋を農家に栽培させていたとされる事件で、北海道が種芋の販売業者としての登録を取り消す。6月には、豚肉の差額関税制度を悪用した脱税に関与した（脱税品と知って豚肉を購入した）として、伊藤ハムが起訴された。

・05年12月、ＢＳＥ対策として輸入禁止されていた米国産牛肉やその加工品について、生後20カ月以下の牛に限って危険部位を除去することを条件に、輸入が限定的に再開。

・06年1月、輸入再開直後の成田国際空港の動物検疫所で、ＢＳＥの特定危険部位の1つとされ、輸入が禁止されている脊柱の混入が発見される。日本政府は再び輸入禁止を決定。

・06年7月、アメリカの加工施設を査察し、安全性が確認された施設に限り輸入を再開することを正式決定する。

不二家の期限切れ原材料使用事件 2006年

06年10月と11月の期間、計8回にわたって、埼玉県新座市にある不二家埼玉工場がシュークリームを製造する際に、消費期限が切れた牛乳を使用していたことが明らかになった。すでに同社は社内プロジェクトチームの調査によってこうした行為を把握していたが、「マスコミに知られたら雪印乳業（雪印集団食中毒事件）の二の舞になる」として隠蔽を指示する内部文書を配布していたという。

07年1月に報道された翌日、同社はこの問題についての釈明会見を開き、消費期限切れの鶏卵を用いたシュークリーム、消費期限切れのリンゴの加工品を用いたアップルパイ、厚生労働省の定めたガイドラインである洋生菓子の衛生規範に定められた値の10倍（社内規定の100倍）を超す細菌が検出されたシューロール、社内基準を超過した賞味期限表示を行ったプリンなどの品質基準未達製品を出荷していたこと、埼玉工場で月に数十匹のネズミが捕獲されていたことを公表。同時に同日より洋菓子の製造・販売を休止した。

翌日からは東急ストアやクイーンズ伊勢丹などのスーパーマーケットが、洋菓子工場以外で製造されているものも含めた全ての同社製品について、全店舗の売り場から撤去を始める。この後、コンビニエンスストアや他のスーパーマーケットでも不二家製品の撤去が広がっていく。その後もその他の工場で衛生管理に不備があったことが次々と判明。企業倫理に欠ける安全を軽視した姿勢や隠蔽体質に対して、消費者から千件を超える苦情が不二家に殺到するなど批判が広がった。

ミートホープの牛肉ミンチ品質表示偽装事件 2007年

07年6月、北海道の食品加工卸会社ミートホープが、加ト吉の連結子会社・北海道加ト吉に、主に豚肉を使ったひき肉を「牛ミンチ」として出荷していたと報道された。76年に創業されたミートホープは、道内の食品加工卸業界売上第1位の会社。株式の大部分を創業者一族が持つ典型的な同族経営である。

その後、農林水産省の立ち入り検査により、混入・産地偽装、賞味期限改ざんなど不正が13項目にのぼることが判明。色の悪い肉に血液を混ぜて色を変える、腐りかけて悪臭を放っている肉を細切れにして少しずつ混ぜる、ミンチに水を混ぜるといった行為も長年続けていたという。

また、北海道加ト吉から廃棄処分のコロッケを、工場長を通じて2年間にわたり合計40万円で買い取り、工場長に私的に現金を渡していたことも発覚。当初、田中稔社長は一連の行為について否認していたが、その後関与を認めるなど、その発言のいい加減さにも非難が集中した。

この事件が及ぼした影響も非常に大きく、ミートホープの偽装ミンチを使った「牛肉コロッケ」を販売していた日本生活協同組合連合会に苦情や問い合わせが殺到、同社の肉を使っていた食品関連企業は相次いで取引を中止、ローソンや味の素、明治乳業といった大手も販売中止や出荷停止を余儀なくされた。


6月24日には北海道警察と苫小牧署が不正競争防止法違反（虚偽表示）容疑でミートホープ本社など10カ所の家宅捜索を行った。翌25日には会社を休業し、全従業員を解雇する方針を明らかに。7月10日には田中社長がミートホープの自己破産を申請すると発表、事実上の倒産となった。その後、社長は逮捕・起訴され、08年年3月19日に不正競争防止法違反（虚偽表示）と詐欺の罪で懲役4年の実刑判決を受け、確定するに至っている。

この事件をめぐっては、ミートホープの元幹部が事件発覚1年前から北海道庁や農林水産省に牛ミンチのサンプルを持ち込み、内部告発していたにもかかわらず、北海道庁や農林水産省の対応の悪さにより捜査が遅れていた事実も判明している。食の安全への信頼が二重、三重に裏切られた事件といえるだろう。

白い恋人の賞味期限改ざん事件　2007年

ミートホープ事件で揺れる07年8月14日、札幌市西区の石屋製菓は、北海道土産として人気の高いチョコレート菓子「白い恋人」の「30周年キャンペーン限定品」の返品商品を再包装して賞味期限を改ざんし、1カ月延ばして通常の「白い恋人」として再出荷していたと発表した。

また、7月28日に製造したバウムクーヘンの一部から自主検査の結果、食中毒の原因となる黄色ブドウ球菌が検出されたが、この日に製造した全177個を出荷していた。翌日に店頭の12個と工場にあった8個を回収したが、残りは市場に出回った。同社は8月15日、問題のあった商品の自主回収を始め、販売もほぼ全面的に中止となった。

一方、6月30日には自主検査でアイスクリーム商品「ミルキーロッキー」の一部から大腸菌群が発見されたが、そのまま出荷していたことも判明。同社は7月5日から回収を始め、これまでに3万3741本を廃棄したという。市場に出た本数は不明。

さらに8月16日には、賞味期限の引き延ばしが10年以上も前から恒常的に行われており、社長自身も認識していたことが初めて明らかになった。前日までの説明では、30周年記念商品以外にはこうした問題はなかったとしていたため、不信がより大きくふくらむこととなる。翌17日夜、石水勲社長は辞任を表明した。この事件の反省により、同社は個別包装ごとの賞味期限の印字や製品検査の徹底を行うようになり、生産停止を機にチョコレートの製法が改良された。発売が再開されたのは11月22日のことである。

立て続けに起こる食品偽装事件

07年にはそのほかにもさまざまな食品偽装事件が起こっている。07年10月28日、高級料亭で知られる吉兆を運営する吉兆グループの1社「船場吉兆」が、吉兆天神フードパークで売れ残った5種類の菓子のラベルを毎日張り直し、消費期限や賞味期限の表示を偽装していたことが明らかとなった。さらに惣菜でも期限切れ販売が発覚。11月9日には大阪市の本店でも、九州産の牛肉を但馬牛、ブロイラーを地鶏などと表示偽装していたことが判明した。

11月16日、大阪府警生活環境課は不正競争防止法違反（品質虚偽表示）の疑いが強まったとして、本店などの関係各所を強制捜査。湯木社長ら幹部からも任意で事情聴取した。幹部らは調べに対して組織的な関与を否定したが、社員らからは強い反発の声が上がった。やがて幹部らの主張に矛盾が現れ始め、12月10日の会見により経営陣の関与を認めるに至る。

08年1月16日、船場吉兆は大阪地裁に民事再生法適用を申請。21日の民事再生手続開始決定を受けた会見では、翌日からの本店営業再開、心斎橋店と天神店の運営からの撤退、8月までに再生計画を提出すると発表した。

ところが08年5月、10年以上前から4店舗全店で、客の食べ残した料理の使い回し（再提供）を行っていたことが発覚。予約のキャンセルが相次ぎ、資金繰りに窮したうえに、グループ内外の支援を受けることもできなかったことから、5月28日に飲食店の廃業届を提出し、大阪地裁に民事再生手続の廃止を申し立てる。6月23日には、破産手続開始決定となった。

同じく07年11月、秋田県大館市の食肉加工製造会社「比内鶏」が、卵を埋めなくなった鶏（廃鶏）の肉や卵を加工し、比内地鶏と偽って販売していたとして、秋田県警による家宅捜索を受けた（不正競争防止法違反容疑）。同社は12月に破産を申し立て、08年5月、秋田県警生活環境課と大館署は、詐欺と不正競争防止法違反（虚偽表示）の疑いで、元社長や関連会社元幹部ら計6人を逮捕。全員が容疑を認めた。この事件後、県は新基準を設け、4月から本物の比内地鶏であることを示す認証制度を導入している。

そのほかにも「比内鶏」「名古屋コーチン」「赤福」など、一般によく知られた食材・関連企業にも次々に不祥事が発覚した。こうした事件を反映して「2007年新語・流行語大賞」のトップテンに「食品偽装」が挙げられ、「今年の漢字」には「偽」が選出されるなど、食品業界にとっては不名誉な1年になった。

しかし翌08年にも、岐阜県の食肉卸販売業「丸明」が、他県産や基準を満たさない等級の低い牛肉を、ブランド和牛「飛騨牛」として販売していた飛騨牛偽装事件が起こっている。同社についてはブランド偽装のほか、加工日を偽り、消費期限を先延ばししていた疑いも浮上。吉田明一社長は当初、自身の関与を否定していたが、その後の会見で社長の指示により基準に満たない牛肉を飛騨牛として販売、加工日の表示を偽装したことなどを認めて謝罪した。

そして、08年には忘れることのできない大きな事件が起こっている。

中国製冷凍ギョーザ事件 2008年

08年1月、07年末から千葉や兵庫などで中国製冷凍ギョーザを食べた10人が下痢や嘔吐などの中毒症状を起こしていたことが発覚し、大きなニュースになった。このうち市川市の女児は一時意識不明の重体になっている。原因は、ギョーザに含まれていたメタミドホスなど有機リン系殺虫剤。その後の詳細な鑑定の結果、市川市の家族が食べて吐き出した餃子の皮からは検疫基準を大幅に上回り、数個食べただけで致死量に至る可能性がある量のメタミドホスが検出された。冷凍ギョーザはジェイティフーズが中国企業の天洋食品に委託生産して輸入していたものだった。

これを受けてジェイティフーズと親会社のＪＴは、市販用・業務用合わせ23品目を自主回収。他社にも天洋食品の製品を自主回収する動きが広がった。同時に農薬の混入経路解明をめぐって日中両国で捜査が開始される。

その後、警察庁は日本国内での混入の可能性はきわめて低いとしたが、中国当局は中国国内での農薬混入に否定的なまま平行線をたどる。しかし、08年8月には、日本の事件後の6月中旬に中国国内でもこのギョーザによる中毒が発生していたことが判明。中国当局も内部犯行の捜査へと姿勢を一変させた。そして、10年3月、冷凍ギョーザに毒物を混入した容疑で、天洋食品の工場に臨時工として勤務していた男の身柄が拘束されたと報じられる。男は毒物を注入したことを認めており、給与問題と同僚への不満が動機であったと供述した。

容疑者逮捕まで2年あまりの時間を要したこともあり、その期間は消費者の間に漠然とした不安と、中国食材全般に対する不信を引き起こした。財務省の貿易統計によると、中国からの食品の輸入金額は08年3月に前年同月比32％減、6月が26％減となった。品目別ではギョーザを含む穀物類が4～6月に5割前後落ち込んでいる。

冷凍各社はこの事件以後、中国生産品を大幅に縮小した。スーパーも生鮮野菜などを国産に切り替え、食品メーカーは国産素材を使った商品開発に注力するようになった。

三笠フーズの事故米不正転売事件　2008年

08年に明らかになった事故米不正転売事件も、その広がりや官を含めた不明朗な背景など深刻な問題をはらむ事件である。

08年9月、三笠フーズほか数社の米穀業者が非食用に限定された事故米穀（事故米）を、非食用であることを隠して食用として転売していた事件が発覚した。事故米とは、農薬のメタミドホスとアセタミプリドが残留している米や、発がん性のあるカビからできた毒のアフラトキシンB1を含んだ米のこと。用途は糊や肥料など工業用に限られる。三笠フーズは、農林水産省から落札した事故米（ベトナム産うるち米、中国産もち米など）を非常用として仕入れておきながら、その事実を隠して食用として転売したのである。

97年に三笠フーズが吸収合併した宮崎商店は、合併以前から不正転売を行っていたと報じられている。また、三笠フーズの他にも、愛知県の株式会社浅井と太田産業株式会社、新潟県の島田化学工業株式会社が、独自に不正転売していたことが判明した。そして、不正に転売された事故米は多数の業者を介する複雑な流通経路を経た後に、食品加工会社、酒造会社、菓子製造会社など500社以上に及ぶ業者に渡り、焼酎、和菓子、給食、おにぎり、医薬品の原料などに混入、日本各地に流通していたのである。

農林水産省は事故米の流通先を公表し、各社は商品の自主回収を行うなどして対応した。ただし、当初は転売先として公表された企業でも、後の調査で購入していないことが判明した企業もあるなど、大きな混乱も見られた。

この事件は単に米穀業者の不正のみによるものではなく、監督官庁である農林水産省の責任も問われることになった。というのも、本来であれば、事故米は食用として販売できないように、農政事務所による検査などでチェックされるはずだったが、これがなぜか機能していなかったなど不明朗な点が多々見られるからである。

農林水産省は、10月、国民の不信を払拭する目的で、政府米を保管する倉庫業者との契約を代行する業務について、それまで独占してきた天下り団体の公益法人全国食糧保管協会と今後契約しない方針を示した。さらに翌11月には、職員の処分を行っている。

明けて09年2月には、大阪府警・福岡県警・熊本県警の合同捜査本部が、不正競争防止法違反（虚偽表示）の疑いで、三笠フーズ社長、同社元顧問ら5名を逮捕。6月には株式会社浅井の社長と転売先であるノノガキ穀販の元社長が、それぞれ食品衛生法違反（規格基準外食品の販売）の疑いで逮捕された。

そして09年10月、大阪地裁にて、三笠フーズが罰金800万円、当時の同社社長が懲役2年及び罰金400万円、関連会社の辰之巳が罰金500万円のそれぞれ実刑判決がなされた。また、マルモ商事に罰金300万円の実刑判決、同社社長に懲役2年・罰金150万円で懲役については4年間の執行猶予付き判決が下された。

また大阪農政事務所の消費流通課長（当時）が、三笠フーズの冬木社長から同社長の経営する焼き鳥屋で接待を受けたことなど、関係官庁が米関連の会社・団体から接待や手土産の供与を受けていたことが明らかになっている。

食品の放射能汚染をめぐる問題 2011年〜

11年は東日本大震災による福島第一原発の事故が食品業界に大きな影響を与えた。農蓄産物への放射能汚染が大きな問題となったのである。まずはほうれん草やキャベツなどの葉物。これは空気中の放射性物質が葉の表面に付着したことによる汚染で、一時、県内野菜の全面的出荷停止、摂取制限などの措置がとられた。

その後、4月には福島県沖のコウナゴについて基準を超える放射性物質が検出されたとして、出荷停止と摂取制限を指示。5月には神奈川県南足柄市で「足柄茶」の生葉から暫定基準値を超える放射性セシウムが検出、県は南足柄市などに対し、今年産の茶の出荷自粛と自主回収を呼びかけた。

7月には放射性セシウムを含む稲わらを与えられた肉牛が全国に流通していたことがわかり、政府は福島県、宮城県、岩手県、栃木県の肉牛を順次、出荷停止とした。

こうした農畜産物への放射能汚染の影響は、それを原材料とする加工食品メーカーにも及んでくる。カゴメとデルモンテは4月の時点で、福島県産の加工用トマトについて今年度の栽培契約を見送った。その理由について、カゴメは「全ての契約農家の土地の安全性が検証できない」、日本デルモンテは「放射性物質を含む土壌がトマトにどう移行するかわからず、安全性が確保できない」ためとしている。「消費者の安全、安心を守るため」の苦渋の判断だったわけだ。

しかしその後、大手食品メーカーは、消費者に対する安全性を担保する狙いから、食材や原料の放射性物質を独自に検査する設備を整えた。食品用の高性能な機器は高額なため、中小企業ではなかなか導入が難しい。そんな中小企業のために放射能検査受託サービスを始める企業も現れた。

たとえばハウス食品の100％子会社ハウス食品分析テクノサービスは、水や野菜、肉などの原料や加工食品について、送られてきたサンプルを専用の検査装置で分析する。3月末から試験的にサービスを開始し、5月以降は受託件数の増加に対応できる体制を整えて本格化させた。

さらに8月には日清製粉グループ本社と日本製粉がそれぞれ子会社を通じて、食品や飲料などを対象に放射性物質の検査・分析を受託するサービスを始めた。

目に見えない放射能汚染に対する不安は、データ不足もあってなかなか解消されない。風評被害も根強いものがある。今も生産、加工、流通の各段階での確実な検査が要請されているのだ。

中国食品会社の期限切れ鶏肉事件 2014年

14年7月、中国の食品会社が使用期限切れの鶏肉を使用していることが発覚した。食品会社の工場に潜入取材した上海テレビによって、冷蔵品として使用期限の切れた肉を冷凍して期限を引き延ばしたり、返品されてきた製品を原料に混ぜたり、カビの生えた肉を加工したりする行為が日常的に行われていることが報道されたのだ。床に落ちた肉も製造ラインに戻す光景は視聴者に衝撃を与えた。食品会社の名は「上海福喜食品」という。

事態を重く見た中国当局は、ただちに工場の立ち入り調査に踏み切り、3日後には責任者や品質管理の担当者の身柄を拘束した。その後、組織的な違法行為があったと見なされ、まずは営業停止処分となった。

しかし、この事件は中国国内の問題にとどまらなかった。この上海福喜食品から日本マクドナルドやファミリーマートが食材を仕入れていたことがわかり、大騒ぎとなったのである。上海福喜食品からこの1年間に輸入された食肉製品は約6000トンで、その大半は「ナゲット」だった。

日本マクドナルドとファミリーマートには消費者からの問い合わせや抗議が殺到し、両社はその対応に追われた。両社とも生産体制のチェックは行ってはいたものの、組織的な隠蔽を見破るのは難しかった。

さらに、これが中国の悪徳企業1社と日本の外食企業との間に起こった特殊な事件であるとはいいきれないところに問題の広がりがある。中国産の鶏肉を使っている外食や小売りは非常に多い。農林水産物の輸入額に占める中国の割合は13・5％で、これは米国の18・2％に次ぐ規模なのだ。中でもチキンナゲットなど鶏肉調整品は最大の997億円を占める。

さらに、中国内で食品の安全に関わる事件がこの上海福喜食品以後、相次いで発覚している。たとえば上海省寧波市江東市場で販売されていた「牛肉の加熱加工品」のうち、原料食肉が表示通り100％牛肉だったのはわずか4割だった、浙江省内で販売されていた子供用米粉食品から基準値をはるかに超える鉛成分が検出された、江蘇省南京市のモヤシ生産・販売業者が工業用の漂白剤などを使っていた、など。

こうした食の安全を脅かす事件が続々と生まれる背景には、中国の食品法で定められている罰金の額が低額であることが挙げられている。罰金リスクを負っても得られる利益のほうがはるかに大きいのだ。一方で、日本企業も低価格の中国産食材、加工食品を他国産に切り替えるのは難しい状況になっている。どれだけ安全チェックの体制を実効あるものにできるか、難問に挑まなければならない。もちろん中国の消費者も自国産の食品に対する不安感は大きく、国家当局にとっても見逃せない重要問題であり、政府の管理監督機能の強化も求められるところだろう。

食の安全と安心を守るために食品安全基本法と食品安全委員会

ここまで述べたような雪印集団食中毒事件、BSE問題、偽装表示など食品不祥事が続く03年5月、食品安全基本法が食品衛生法の制定以来初ともいえる大改正に先立ち公布された。この法律に基づいて設置されたのが食品安全委員会だ。食品安全委員会は7人の委員で構成され、12の専門調査会を持つ。このうち企画等専門調査会以外の11の専門調査会は、添加物、農薬、動物用医薬品、器具・容器包装、化学物質・汚染物質、微生物・ウイルス、プリオン、かび毒・自然毒等、遺伝子組み換え食品等、新開発食品、肥料・飼料等の危害要因ごとに設置され、延べ約200人の専門家がこれらの危害要因が健康に及ぼす影響についてリスク評価をする。専門調査会で対応が難しい問題については、ワーキンググループで対応する。

5 未来に向かって

失われた20年と進む海外志向 2005〜2014年

世紀の変わり目前後から、BRICs諸国が台頭。その経済発展に牽引される形で、外需が伸びてくる。そして2007年には、貿易相手国の第1位がアメリカから中国に代わるという歴史的な節目を迎えた(財務省統計、輸出入総額、年ベース)。

さらに規制緩和や金融緩和の進展、IT化の急速な発展が社会の構造を変えていく。雇用の流動化、経済格差の拡大もこの時期から顕在化している。05年には商法が会社法に改正され、上場企業はこれまで以上に株主重視の経営が求められるとともに、国内消費の低迷を背景に、海外市場志向を強めていく。たとえば2000年代後半、キリンは約1兆円を投じて、オセアニア・東南アジア地区で乳業会社やビール会社を次々と買収した。アサヒは中国大手食品流通企業と組んで、04年からの5年間で売上高5倍と急成長する。また、こうした海外進出のために競争力強化が重要課題となり、食品業界で大型M&Aが次々に行われるようになった。

02年から08年は「いざなみ景気」と呼ばれ「景気は緩やかに拡大している」といわれたが、成長率の低さから多くの国民にとって「実感なき景気回復」となった。そして、08年9月のリーマン・ショックによる世界同時不況により、ふたたび不況へ。さらに11年には東日本大震災と原発事故の未曾有の事態に。バブル崩壊の1991年以降続くこの経済低迷は「失われた20年」とも呼ばれている。

【05年】食育基本法施行
【06年】「黒烏龍茶」（サントリー）、「生キャラメル」大ヒット
【07年】「セブンプレミアム」誕生
【08年】中国冷凍ギョウザ中毒事件
【10年】「食べるラー油」（桃屋）、「オールフリー」（サントリー）
【11年】「カップヌードルごはん」（日清）、「ソウルマッコリ」（サントリー）
【12年】「マルちゃん正麺」（東洋水産）、「メッツコーラ」（キリン）、「塩麹」ブーム
【13年】「コンビニコーヒー」人気。「金の食パン」（セブンイレブン）
【14年】「エナジードリンク」人気。「大人向けお菓子」続々登場
【15年】「乳酸菌ショコラ」（ロッテ）

食のグローバル化の時代 2015年〜

「失われた20年」が1991年に始まっていれば、2011年に終わっているはずだが、11年以降も経済低迷の状態は基本的に変わっていない。1人当たり名目GDP（国内総生産）は、1988年から2001年までは世界のベスト5以内だったが、18年は世界26位（IMFデータベース）。また、15年8月には、貿易や投資などの資金決済に使われる通貨として中国の人民元が日本円を初めて上回った。

13年からは経済政策「アベノミクス」が推進され、その効果が出始めているともいわれるが、世論調査の結果によると、大半の国民は景気回復を実感していない。事実、GDPの6割を占める個人消費も低迷したまま。その要因としては、非正規雇用の比率の高さと将来不安などが主な要因として挙げられている。16年以降、「貧困」が社会のキーワードとして浮上してきた。

15年には食品表示法が施行され、食品表示に関する制度が一新された。消費者の間には原材料等に「国産」を求めるトレンドも見られる。かつてのような大型のブームやヒットは現れにくくなっているが、健康・安全志向は根強く、中食化、個食化の傾

向も続くだろう。一方で、食のグローバル化の流れも急速に進むはずだ。

農林水産省が策定した「食品産業の将来ビジョン」では、09年に95兆円だった食品関連産業全体の市場規模を20年までに120兆円に拡大することを官民共通の目標としていた。統計上の数値はまだ算出されていないが、いずれにせよおよそ100兆円に及ぶ巨大な市場である。

有史以前から人類とともに連綿と続く食の歴史。そして明治期から本格的に歩み始めたわが国の食品産業界は、第二次世界大戦で壊滅的な打撃を受けた後、戦後に奇跡的な復興を果たした。

こうして長い歴史を振り返ってみると、わが国の食品業界は今、21世紀の四半世紀を間近にして、大きな転換期を迎えつつあることがわかる。

かつてない食のグローバル化、急速に進む少子高齢化の中にあって、各社は生き残りと新展開をかけて海外市場に照準を合わせる。「健康」や「環境」が大きな課題になっている今、世界の人々にどのような価値と楽しみを提供するのか。

あるいは、気候変動や人口問題によって、人類の食料供給に深刻な危機が迫ってくる未来が到来する可能性もある。そんな時、食品企業としてどんなプランを描き、どんな食品を提案できるのか。

未来の食は未来の人類の命をつなぐものだ。これまでにない発想と戦略で、新しい食を創造することこそ、これからの食品業界で働くひとりひとりに求められる使命なのである。

Chapter 4

食品業界の主要企業

1 アサヒビール——ビール市場シェアナンバーワンの実力

2018年まで8年連続ビール類市場シェアナンバーワンを継続中のトップ企業。11年7月1日付で、旧法人の「アサヒビール株式会社」が商号を「アサヒグループホールディングス株式会社」と変更し、旧アサヒビールの現業全般を会社分割によって設立された新法人の「アサヒビール株式会社」に移譲させた。持株会社への移行では、ビール大手4社中、もっとも後発となる。

アサヒグループを構成する事業子会社は、ビールなどの酒類を製造・販売するアサヒビール、清涼飲料水の製造・販売を行うアサヒ飲料とエルビー、食品・健康食品・医薬品の製造・販売を行うアサヒグループ食品、機能性食品や飼料の製造・販売を行うアサヒカルピスウェルネスの5社だ。

アサヒグループは、19年1月に新グループ理念「Asahi Group Philosophy」を制定した。グループのミッションとして「期待を超えるおいしさ、楽しい生活文化の創造」を掲げ、世界のグループ社員と理念を共有し、持続的な企業価値向上を目指していく。この理念をもとに、アサヒビールでは「お客様の最高の満足のためにお酒ならではの価値と魅力を創造し続ける」を長期ビジョンとして制定した。同年のスローガンは「基幹ブランドの強化と新需要の創造」である。

同社によると、18年のビール類総市場（ビール・発泡酒・新ジャンル）は、改正酒税法の施行による店頭価格の上昇や夏場の天候不順、相次ぐ自然災害などの影響を受け2％程度縮小。そんな中、同社のビール類トータルの販売数量は、1万4720万ケース（前年比93・2％）となった。

ビールでは、通年発売へ移行した「アサヒスーパードライ瞬冷辛口」が若年層を中心に好評で、計画を上回る売り上げとなった。新ジャンル「クリアアサヒ」ブランドは、９月に「クリアアサヒ プライムリッチ」をリニューアルするなど、ブランド強化に取り組んだ。ビール類以外では、洋酒「ブラックニッカ」ブランド、ノンアルコールビールテイスト飲料「アサヒ ドライゼロ」が、それぞれ過去最大の販売数量となった。新発売した「アサヒ贅沢搾り」が堅調に推移したＲＴＤ（ready to drink ＝蓋を開けてすぐにそのまま飲める飲料。とくに、缶酎ハイや瓶入りカクテルなど、水や炭酸水で割る手間のかからないアルコール飲料をいう）カテゴリは、過去最高の売り上げ規模となった。

近年は好調が続くが、１９８５年までさかのぼれば、アサヒビールはシェア第4位の位置に限りなく近い3位で苦戦していた。一転、大躍進を果たした立役者が「アサヒスーパードライ」だった（86年発売）。その爆発的なヒットは、産業界全体でも類を見ないサクセスストーリーとして語り継がれている。

こうした輝かしい歴史のスタートは１８８９年（明治22年）の大阪麦酒会社設立。以来、「缶ビール」「日付入り瓶詰め生ビール」「ビールギフト券」「ミニ樽ビール」など、ユニークな商品を業界に先駆けて開発・販売してきた。

２００１年にはニッカウヰスキーと経営統合、02年には協和発酵と旭化成の酒類事業を譲受して総合酒類新体制をスタート。09年には創業１２０周年を迎え、11年7月にはアサヒグループホールディングスを発足。16年1月1日付で国内の飲料事業と食品事業を再編し、カルピスフーズサービスを新カルピスに商号変更、アサヒカルピスウェルネスの設立、アサヒグループ食品の設立などが行われた。

18年は、ビール世界最大手のアンハイザー・ブッシュ・インベブ（ベルギー）から1兆２０００億円で買収した欧州事業が6割超の増収となり、利益を押し上げた。19年7月にはアンハイザー・ブッシュ・インベブからオーストラリアの酒類メーカー、カールトン＆ユナイテッドブリュワリーズを１６０億オーストラリアドルで取得した。

最新動向
基礎知識
歴史
主要企業
仕事人たち
業界に入るには
世界の食品企業

2 味の素——目指すはグローバル食品企業トップ10

今や日本を代表する食品・調味料メーカーのみならず、世界130以上の国・地域で商品展開するグローバル企業として知られ、グループ全体での年商は1兆円を超える。

2019年には欧米での認知拡大を目指し、初のグローバル企業広告キャンペーンを日本、アジア、ヨーロッパ、南北アメリカの各国で放映した。この広告では「アミノサイエンスの追求により、おいしく、栄養バランスのいい食事や快適な生活を、世界中の人に届けている」ことを表現している。

味の素グループは、創業以来一貫して事業を通じた社会課題の解決に取り組み、社会・地域と共有する価値を創造することで経済価値を向上し、成長につなげてきたとする。

この取り組みをASV（Ajinomoto Group Shared Value）と称し、このASVをミッションとビジョンを実現するための中核と位置付けた理念体系を〝Our Philosophy〟として設定している。

事業を通じて解決すべき社会課題は「健康なこころとからだ」「食資源」「地球持続性」の3つ。その解決に向けたアプローチを4つの価値創造ストーリーとしてまとめ、これらの価値創造ストーリーに沿った事業活動を展開することで社会課題を解決し、経済価値へとつなげるというのが同社の考えである。

そうした考え方のベースにあるのはやはり「味の素」だ。もともと「昆布のだし汁はなぜおいしいか」という素朴な疑問からグルタミン酸が「うま味」のもとであることが発見され、「味の素」が誕生した。それが1908年のことだ。そして現在、アミノ酸をコアに「食」「バイオ・ファイン」「医薬・健康」の3つの分野を重ね合わせながら、世界に類を見ない事業を展開しているのだ。

この「味の素」をはじめ、調味料の分野で「コンソメ」「アジシオ」「ほんだし」「Cook Do」など、数多くの調味料を数多く生み出すほか「クノール」など海外の調味料もライセンス生産、さらにインスタント食品、冷凍食品でも高いシェアを誇っている。

また「味の素」の製造技術をもとにアミノ酸を広く展開し、世界のリーディングカンパニーとして活躍。アスリート向けのBCAAサプリメントとして「アミノバイタル」、化粧品として「JINO（ジーノ）」を手がけている。

加えて、医療分野では、輸液製造や透析の分野でも成果を上げ、近年ではバイオ医薬品、再生医療分野などでの研究も進んでいる。16年には、再生医療で注目を浴びるiPS細胞やES細胞用培地の「StemFit®」を開発した。

15年6月にブラジル法人トップから最年少で本社社長に抜擢された西井孝明社長は、就任記者会見で「強い事業をより強く、下位の事業をナンバーワンにし、新たな市場を創造したい」と述べた。その後、海外での企業合併・買収（M&A）に大きく投資する意向を明らかにしている。

14年には米ウィンザー・クオリティー・ホールディングスを買収し、北米のアジア・エスニック冷凍食品分野でトップに立った。それ以降も、ブラジルとタイでもM&Aチームを立ち上げ、中南米と東南アジアでの戦略展開を加速している。

18年6月、同社と化粧品、医療、食品メーカーなどのビジネスパートナーとの技術の融合による新価値・新事業の共創を目指し、オープン&リンクイノベーションの推進拠点「クライアント・イノベーション・センター」（CIC）を川崎事業所内にオープンした。

19年4月には、川崎事業所及び東海事業所の調味料・加工食品の製造・包装事業、味の素パッケージング株式会社の製造・包装事業、クノール食品株式会社が統合され、味の素食品株式会社を発足させた。

3

伊藤園
――売れないといわれたお茶をヒット商品に

ウーロン茶、混合茶、麦茶、紅茶に、野菜ジュースを加えた茶系飲料を中心として展開。緑茶飲料「お～いお茶」を核に、国内の緑茶飲料市場最大手の地位を確保している。「充実野菜」ブランドはカゴメに次ぐ野菜飲料2位。飲料業界全体のシェアでも常に上位を占めている。

経営理念は「お客様第一主義」で、「すべてのお客様を大切にすることが経営の基本である。」とする。

その経営理念は1966年の設立以来のもの。伊藤園グループで働く社員は、この経営理念の実践として「STILL NOW＝お客様は今でも何を不満に思っていらっしゃるか」という問題意識を常に持ち、行動しているという。

同社は72年に業界で初めて発売した真空パッケージ入りの茶葉（リーフ）製品をはじめとして、「缶入りウーロン茶」や「缶入り煎茶」等、日本初・世界初の製品を次々と世に送り出してきた。それはこうした「STILL NOW」の問題意識と「誰にも真似のできないものをつくる」という基本的な考え方のもとで積極的に挑戦し続けてきた結果なのである。

伊藤園グループとしてはこうした経営理念のもと、長期ビジョン「世界のティーカンパニー」を目指し、次の4項目を重点項目として掲げている（要約）。

1．国内事業のさらなる強化。取引先への訪問の強化や新規顧客の獲得に加え、「お～いお茶」を中心とした主力ブランドの販売を強化し、マーケットシェアの向上を目指す。また、1000万ケース超のブランドを現在の4ブランドから6ブランドに拡大を目指す。

2．海外事業の展開強化。グローバルブランド「ITO EN MATCHA GREEN TEA」を中心としたリーフ（ティーバッグ）製品販売や抹茶製品の強化により、北米を中心に2桁成長を目指す。国内・海外ともに緑茶で№1の地位獲得が目標。このため、海外との人事交流などによるグループシナジー（相乗効果）の拡大を目指す。

3．ROE経営の強化。収益改善に向けた取り組みを継続し、総還元性向の高い経営を目指す。

4．CSR／CSV経営の強化。国際標準の本業を活かしたCSRに加え、社会課題解決と事業活動の成果の同時実現を目指す共有価値の創造（CSV）を実践する。

数値目標としては、19年の「お～いお茶」発売30周年や20年の東京五輪・パラリンピックを通過点として、22年4月期を目標として連結売上高6000億円以上、ROE10％以上、総還元性向40％以上を掲げている。

同社の歴史を振り返れば、92年の株式公開から10年で売上高を4倍の2200億円に伸ばし、「小さな巨人」といわれた。

特筆すべきは先見性と技術力だ。79年には日本で初めて中華人民共和国と「ウーロン茶」の輸入代理店契約を締結し、ウーロン茶ブームの先駆けとなった。

その後、81年には世界初の「缶入りウーロン茶」の開発に成功、それまでなかった無糖飲料マーケットを創造する。さらに、85年には技術的に不可能とさえいわれた「缶入り緑茶」の製品化に成功、「お茶に金を出すやつはいない」といわれながら、今日のような大きな市場に育て上げた営業力も称賛に値するだろう。

近年は、同社の長期ビジョンである「世界のティーカンパニー」への飛躍を実現するために、東南アジアとその周辺国でのブランド浸透を図っている。

また、グループ会社では、国内で店舗展開しているタリーズコーヒーや、ギリシャヨーグルトで知られるヨーグルトメーカー、チチヤスも業績を伸ばしている。

4 伊藤ハム
——食肉業界2位の老舗企業

ハム・ソーセージ加工品の老舗で、業界2位。黒豚では国内最大手となる。主力ブランドは従来の「アルトバイエルン」をより高品位にリ・ブランディングした「グランドアルトバイエルン」「朝のフレッシュシリーズ」など。

伊藤ハムの歴史は1928年にさかのぼる。伊藤傳三の個人経営として、大阪府大阪市北区で伊藤食品加工業を創業したのがその始まりだ。同社発展の礎となったのは、34年に開発されたセロハンウインナーである。

セロハンウインナーとは伊藤傳三創業社長がセロハンの「裁ち屑」を独特の糊で筒状のケーシングとして再利用、この中に豚肉を主原料としたソーセージを充填・加工し1本10匁（37・5g）のスティック型商品として開発したものだ。試行錯誤、苦心の末に誕生したこの「セロ・ウインナー」は、今日に至るスティック型食品のオリジナルとなった。

ちなみに、このセロハンウインナーは「ポールウインナー」として現在も月産約300トンのロングセラー商品となっている。

伊藤ハムグループは創業以来「事業を通じて社会に奉仕する」という理念のもと、人々の健康にとって大切な動物性タンパク質である食肉や食肉加工食品を届けることによって、食生活の向上に貢献してきた。

「食」を担う企業として社会から信頼される企業であり続けるために、コンプライアンス体制を充実させ、経営品質を高めるとともに、地球環境への配慮、社会貢献活動などの分野においても、社会の一員として責務を果たすべく活動しているとする。

これまでの歴史での大きな転換点は、２０１６年に同じく食肉加工業者の米久と経営統合を果たしたことだ。ともに持株会社の伊藤ハム米久ホールディングスを設立し、東京証券取引所第一部に上場。これをもって、伊藤ハムは伊藤ハム米久ホールディングスの完全子会社となった。

米久は、１９６５年に静岡県沼津市で食肉加工会社として創業され、ハムやソーセージなどの食肉加工製品の製造販売で急成長した。総合食品メーカーへの脱皮を目指して99年、キリングループの傘下に入り、多角化を図ったが、２００７年に三菱グループ内の食肉関連事業の再編で麒麟麦酒の取得株式を三菱商事へ譲渡。09年には食肉加工大手の伊藤ハムとの業務提携を三菱商事と共同で締結したのである。

統合後の初年度決算となる17年3月期の連結決算は、売上高７９２５億６４００万円、経常利益２４８億８４００万円となった。前期と単純比較できないが、実質的過去最高益となった。

19年3月期の売上高は前年同期比２・３％増の８５０７億２１００万円と増収だったが、販管費が増加したことなどにより営業利益は32・８％減の１４４億９４００万円、経常利益は35・８％減の１５６億７９００万円となった。21年度3月期には連結売上高を1兆円とする目標を掲げる。

19～20年も市場活性化に向け、キャンペーンを展開している。10月9日を「熟成の日」と読み「熟成ウインナー The GRANND アルトバイエルンの日」として、17年に一般社団法人日本記念日協会に認定されたことを受け、引き続きアルトバイエルンの最大の特徴である「熟成＝おいしい」を伝えるため「熟成キャンペーン」を実施している。

19年12月には、明治ホールディングス傘下で、静岡県三島市に製造拠点を置く明治ケンコーハム（ハム・ソーセージ・ベーコン類を製造販売）の全株式を取得し子会社化。伊藤ハム米久HDグループの米久が主力とするポークソーセージ、焼豚などの製造拠点と立地が近く、生産の効率性向上が相互に期待されている。

5 エスビー食品
――スパイス＆ハーブの市場開拓に成功

香辛料シェアトップで、カレーでも知られる（登記上の商号はヱスビー食品株式会社）。コーポレートシンボルは「SPICE & HERB」。

同社の原点であり、事業の2つの柱であるスパイス＆ハーブをはじめ、インスタント食品など全ての分野で伸長し、19年3月期決算は前年に引き続き売上高、利益とも過去最高を更新した。連結業績は売上高が前年比27億6300万円増の1451億6000万円（前期比1・9％増）、営業利益は前年比7億6400万円増の71億5400万円（同12・0％増）、経常利益は前期比8億8200万円増の70億7100万円（同14・3％増）と好調が続いている。

その歴史は1923年（大正12年）、国産初のカレー粉を製造したことに始まる。カレーの魅力にとりつかれた創業者・山崎峯次郎が日々スパイスの調合に没頭した末、日本で初めてカレー粉の製造に成功したのだ。これが、日本初のカレー粉を起源とするエスビー食品の始まりである。

その後、30年には、パッケージデザインに太陽と鳥（Sun&Bird）をあしらった「ヒドリ印カレー」を発表（エスビーという社名はその頭文字から誕生した）。

戦後となる50年には、国内のカレー粉シェアの8割を握る「赤缶カレー粉」を発売。その後は70年にチューブ入り香辛料を発売、77年にはスナックチップでスナック分野に参入、85年にチルドスパイスを発売してチルド分野にも参入するなど、数々のヒットを生み出すとともに、スパイスとハーブのパイオニアとして、香辛料分野を充実させるさまざまな商品の開発と、その普及に努めてきた。

創業理念は「美味求真」、企業理念は「食卓に、自然としあわせを。」

(1) 常に研究を怠らず、創意工夫をこらして高い品質と新たな価値を創出します。

(2) 常にお客様の視点で考え、心から満足していただける製品を追求します。

(3) 常に自然に感謝し、食卓から幸せな生活と豊かな社会づくりに貢献します。

ビジョンは「〝地の恵み スパイス&ハーブ〟の可能性を追求し、おいしく、健やかで、明るい未来をカタチにします」というものだ。

この「ビジョン」の実現に向けて、「スパイスやハーブの可能性を引き出す研究や、お客様の健やかな暮らしに役立つ製品開発に積極的に取り組み、広く社会に貢献できる企業を目指します」としている。

また、お客様視点でのおいしさの追求や、さらなる品質向上への努力はもとより、環境や安全・安心への取り組み、コンプライアンスやコーポレート・ガバナンスの強化、ダイバーシティの推進など、持続可能な企業に向けた課題にも取り組み、企業価値の向上に努めることも謳う。

２００３年策定のコーポレートシンボル「SPICE&HERB」は、「豊かな可能性を持つ〝スパイス&ハーブ〟を核とし、心と身体に安らぎや潤いのある生活や新たな食文化の創造を通じて皆様のお役に立ちたいというマインド」を表現している。

近年はチューブ入り香辛料市場が伸びていて、とくにショウガやニンニク、わさび、からしなどの大容量チューブが好調に推移している。エスビー食品が06年に大容量サイズの「お徳用」チューブを発売して以降、08年に約11億円だった市場は18年には45億円を超える規模に拡大。大容量チューブの市場も前年比12%増と成長を続けている。

また、17年に10周年を迎えた「スパイス&ハーブキッズわくわくチャレンジ」は、子供たちに香辛料の魅力を伝えるためのイベントだ。ほかにも23年の創業１００周年に向けてさまざまな活動を展開している。

6 カゴメ――トマトから野菜の会社へ

トマトと野菜のジュースで知られるトマト加工食品の国内最大手だ。企業理念は「感謝」「自然」「開かれた企業」。ブランドステートメント（ブランドのありたい姿）は、「自然を」（自然の恵みが持つ抗酸化力や免疫力を活用して、食と健康を深く追求すること）「おいしく」（自然に反する添加物や技術にたよらず、体にやさしいおいしさを実現すること）「楽しく」（地球環境と体内環境に十分配慮して、食の楽しさの新しい需要を創造すること）。

創業は1899年。愛知県で農業を営んでいた創業者・蟹江一太郎氏がトマトの栽培に挑戦したところからスタートする。1908年には日本で初めて「トマトケチャップ」を発売した。

創業100年目前の1998年には「新・創業経営」をスタートさせ、「トマトと野菜カンパニー」を宣言する。その後、「野菜生活」が大ヒットし、定着する一方で、「トマトや野菜が持つ抗酸化力で健康をサポートする会社」というカゴメ・ブランドの強みを、もっと価値あるものに高めたいという思いもあった。

そこで2002年には乳酸菌事業を展開していた「雪印ラビオ」を買収、「カゴメラビオ」として子会社化し、乳酸菌飲料を強化。03年には「自然を、おいしく、楽しく。KAGOME」というブランドのお約束のもと、「ブランド価値経営」を標榜する。全国に直営農園を所有してトマトの栽培を行うほか、13年には中国で生鮮トマトの生産・販売を開始した。

25年度に向けた長期ビジョンとしては、「食を通じて社会問題の解決に取り組み、持続的に成長できる強い会社になる」ことを目指し、「トマトの会社から野菜の会社へ」を謳う。

農業から生産・加工・販売と一貫したバリューチェーンを持つ世界でもユニークな企業として、健康寿命の延伸、農業振興・地方創生、そして世界の食料不足の問題に取り組んでいくという。

17年8月には、宮崎県と包括連携協定を締結。これは両者の資源を有効活用した協働活動を推進するもので、産官学連携による「ベジ活・減塩メニュー」の開発や学校でのトマト苗の栽培や乳酸菌飲料を活用した食育活動を行い、同県産果物を使用した飲料の開発なども行っている。18年には秋田県などとも連携協定を締結した。

20年1月に新社長となる山口聡氏は、同社初の技術畑出身社長だ。前任は取締役として野菜事業本部長、ベジタブル・ソリューション部長を務めており、野菜に関わる新事業の創出を担当してきた。15～18年に統括した研究部門のイノベーション本部では、機能性表示食品の開発や、ドイツの光学機器メーカーと共同で開発した野菜摂取量の充足度を測る「ベジチェック」などを手がけた。

同社の18年12月期の連結純利益は3期連続で過去最高を更新するなど、健康志向の追い風を受けて非常に好調だ。ただし、連結営業利益の9割以上をケチャップや野菜飲料などの加工食品が占めている点に危機感を持つ。長期的には国内市場が縮小していく中で、加工食品の一本足では持続的な成長が難しいからだ。事業領域と収益の幅を広げるためには、変革が必要なのである。

「トマトから野菜の会社へ」を強く打ち出し、農家と連携した多様な生鮮野菜の取り扱いも進めていくほか、「ベジチェック」のようなサービスも健康経営に関心の高い企業や自治体向けに提供を始め、野菜事業の拡大を後押しする形で技術革新を活用していく。

海外市場の開拓にも意欲的で、18年からは日清食品ホールディングスの子会社である日清食品有限公司と香港・マカオにおける野菜飲料販売事業の合弁会社を設立し、野菜飲料「野菜生活１００」やトマトジュースを販売している。

7 カルピス
──世界トップレベルの乳酸菌発酵技術

コーポレート・スローガンは「カラダにピース。CALPIS」。ブランド・スローガンは「ピースはここにある。」

1991年、食品業界に新しい神話が誕生した。この年に発売された「カルピスウォーター」が社会現象とまでいわれるほどの爆発的ヒットを記録したのである。

「カルピス」はいうまでもなく同社の代表的な乳酸菌飲料。その始まりは、モンゴルに渡った一青年が大草原で疲れた身体を癒す「酸乳」に出合ったことだった。その青年が創業者・三島海雲氏。1919年には世界で初めての乳酸菌飲料の商品化に成功した。脱脂乳を乳酸菌で発酵（酸乳）し、これに加糖、さらに酵母による発酵がカルピス独特の風味を生み出したのだ（長く企業秘密とされていたが、90年代半ばに公開された）。以後、「カルピス」は国民的飲料といわれるまでに成長する。

ところが、70年代後半以降は、食生活の変化の波に抗しきれず、低迷が続いた。91年には味の素との提携へ。味の素から飲料事業部門全てを移管し、年商1000億円クラスの総合飲料メーカーとして再出発。その機に発売された「カルピスウォーター」が大ヒットし、カルピスの生命力を見せつけたのだ。

カルピス酸乳の研究で培われた乳酸菌発酵技術は世界トップレベル。97年には血圧降下作用のある特定保健用食品「アミールS」で国際的にも高い評価を得た。

2007年10月1日付で、1990年以降、筆頭株主だった味の素の完全子会社となった。ところがその5年後の12年、アサヒグループホールディングスが味の素からカルピスを買収。これは、12年3月期で約36億円の最終黒字を出すなど、ブランド力も収益性も高いカルピスをより生かすためのＭ＆Ａだったといえる。

さらに16年1月にアサヒグループの飲料事業の再編が行われ、事業ごとにグループ会社へ継承・移管した後、アサヒ飲料と合併。カルピスで行われていた国内飲料製造事業と乳製品事業はカルピスフーズサービスへ継承され、（2代目）カルピスとしてアサヒ飲料の機能子会社となった。本社は東京都墨田区吾妻橋のアサヒビール本社ビルへ移転。これにあわせ、「カルピス」の登録商標についてもカルピスから親会社のアサヒ飲料に商標権が移管された。

19年10月には、発売から１００年を迎えたのを機に、アサヒ飲料群馬工場内（群馬県館林市）に、見学施設「『カルピス』みらいのミュージアム」が開館した。これが開館前から大人気で、国民的ブランドの強さを思い知らされるのだが、実は今また「濃いめのカルピス」と「カラダカルピス」が絶好調で、カルピスの販売量は10年で１・５倍、売り上げは過去最高を更新しているという。

「濃いめのカルピス」は、カルピスの原液を水で薄めて飲んでいた世代をターゲットに「もっと濃い味を飲みたかった」という思いを商品にしたもの。「カラダカルピス」は、健康が気になる中高年に向けた「体脂肪を減らす」機能性表示食品。

このカルピス再々ブレイクを導いたのが、岸上克彦前社長（現アサヒ飲料社長）だ。岸上氏は大学卒業後カルピスに入社、以後、07年に味の素、12年にアサヒグループと2度の買収を経験する。しかし15年、買収された側の社員がアサヒ飲料のトップに立つ（カルピス社長も兼任）という異例の出世で業界を驚かせた。岸上氏は「三ツ矢サイダー」「ウィルキンソン」など超ロングセラー商品についても過去最高売り上げを達成している。

現在、カルピスブランド商品は世界30カ国以上で販売されている。16年にはベトナムで『カルピス』ティーンズ」、17年にはミャンマーで「カルピスラクト」を発売した。

8 キッコーマン
――国内外の和食ブームを牽引する

しょう油業界トップの名門企業で、調味料、加工食品の大手企業である。２００９年に新設分割により3つの事業子会社、キッコーマン食品株式会社、キッコーマン飲料株式会社、キッコーマンビジネスサービス株式会社を設立、純粋持株会社に移行した。コーポレートスローガンは「おいしい記憶をつくりたい」。キッコーマングループの経営理念は、1．「消費者本位」を基本理念とする　2．食文化の国際交流をすすめる　3．地球社会にとって存在意義のある企業をめざす　というものだ。

キッコーマンの歴史の出発点は、江戸時代にまでさかのぼる。江戸時代の千葉県野田市周辺は水運が盛んで、１６６２年（寛文2年）には野田で茂木七左衛門家が味噌作りを始め、後年には分家の茂木七郎右衛門家が高梨家とともにしょう油を作り始めたという記録が残されている。

１７８１年（天明元年）には後の野田醤油の基礎になる亀屋市郎兵衛、高梨兵左衛門、粕屋七郎右衛門（茂木一族）、茂木七左衛門、大塚弥五兵衛、杉崎市郎兵衛、竹本五郎兵衛の7家が成立した。

そして１９１７年（大正6年）に有力醸造業者であった茂木一族と高梨一族の8家が合同して設立した「野田醤油株式会社」が前身である。複数あったしょう油商標のうち亀甲萬（キッコーマン）を後に統一商標及び社名とした。

第二次世界大戦前から世界展開を積極的に行い、現在では世界１００カ国以上でしょう油を販売している。また、主力のしょう油のシェアは高く、日本で30％、世界で50％を占める。特に米国では55％と圧倒的なシェアを誇り、「Kikkoman」ブランドは広く定着している。

しょう油以外にも、調味料、健康食品、バイオ事業、外食・中食事業、食料品卸売事業を幅広く展開している。

しょう油は長らく成熟市場といわれてきたが、80年代の和食回帰（健康志向によるもの）を背景にして、「特選有機しょうゆ」「減塩しょうゆ」といった付加価値商品が登場して市場が活性化された。90年に同社が先鞭をつけて発売した「特選丸大豆しょうゆ」は現在も好調な売れ行きだ。

収益改善の戦略としては経営資源の集中が掲げられており、「しぼりたて生しょうゆ」、和風総菜調味料「うちのごはん」、豆乳飲料の3分野を強化し、高付加価値商品の開発に力を入れていく。「しぼりたて生しょうゆ」は、常温保存が可能であることに加えて、少量ずつ出せるという容器の改革もあわせてのヒットとなった。

18年、キッコーマングループは未来に向けて「グローバルビジョン2030」を策定。これは2030年に向けたグループの将来ビジョンを示すものである。

1．キッコーマンしょうゆをグローバル・スタンダードの調味料にする

2．世界中で新しいおいしさを創造し、より豊かで健康的な食生活に貢献する

3．キッコーマンらしい活動を通じて、地球社会における存在意義をさらに高めていく

重点戦略としては、

①グローバルNo.1戦略（しょうゆ、東洋食品卸）

ビジネスモデルをより発展させ、グローバルNo.1の地位を強固なものとしていく

②エリアNo.1戦略（デルモンテ、豆乳、ワイン、バイオ事業）

特定の地域、領域で確かな価値を提供し、エリアNo.1の地位を固めていく

③新たな事業の創出

内部資源と外部資源を有効に活用し、新たな事業の創出に挑戦していく

などが掲げられている。

9

極洋
——水産業から世界の総合食品企業へ

わが国を代表する水産会社の1つで、水産品の買付・加工を行う。「魚の極洋」として知られる水産商事事業に加え、寿司種をはじめとする生食用商品や切り身、焼き魚、煮魚などの加熱用商品、水産フライやカニ風味かまぼこなどの業務用冷凍食品、さらには缶詰や海産珍味、家庭用冷凍食品などの市販用商品の拡大・強化に努めている。家庭用冷凍食品事業も本格参入以来、徐々に販路を拡大し、消費者に浸透しつつある。

企業理念は「人間尊重を経営の基本に、健康で心豊かな生活と食文化に貢献し、社会とともに成長することを目指します。」

そのスタートは１９３７年。極洋捕鯨株式会社として設立され、当初は漁撈（ぎょろう）中心の企業としてその礎を築く。63年には各社に先駆けてアラスカからのスジコ買付に成功、65年には現在の水産商事事業の草分けである貿易部が設置され、海外進出を本格化させた。つまり、貿易商社としての事業も徐々に拡大したわけである。

しかし、南氷洋や北洋において母船式捕鯨事業を展開する捕鯨会社としては、捕鯨禁止により方向転換を余儀なくされる。

加工食品事業は、49年、塩釜に缶詰工場を設けたことからスタートし、次第に冷凍食品事業にその軸足を移していく。

そして71年、社名を「株式会社極洋」に変更したことで、総合食品会社という方向性を明確にする。91年には２００海里規制によりトロール漁業からも撤退した。

２０１４年8月、極洋のグループ会社である

Kyokuyo Europe B.V.はオーストリアに水産物製品の輸出入と管理業務を行う合弁会社をスロバキアの企業と共同出資で設立した。極洋グループ会社のサプライソースを活用し、相乗効果によって欧州での販売力・競争力を高め、販路拡大を目指すことが目的で、年商16億円を計画する。

20年に向けての新中期経営計画「Change Kyokuyo 2021」（2018～2020年度）の基本方針は「魚を中心とした総合食品会社として、高収益構造への転換をはかり、資源、環境、労働などの社会的要請を踏まえ、事業のウイングの拡大と時間価値の提供により企業価値の向上を目指す」というもの。

その基本方針を達成するために、これまでの「グローバル戦略」「シナジー戦略」「差別化戦略」をさらに深化させるとともに、社会からの要請、ニーズを的確に把握した戦略設定を行うとしている。

具体的には、食品事業と海外販売の拡大を重点化。食品事業拡大については、21年度を目途に食品事業と水産事業の収支を五分とすることを目指している。

そのために食品事業では工場を中心に据え、キョクヨーブランド商品の販売を拡大することで利益を確保。「真のメーカー」を目指した事業を構築する。

海外販売は同様に、売上構成比15％が目標。海外でキョクヨーブランド商品を浸透させるために、日本からの輸出に加え、欧州、東南アジア、アメリカの現地工場で生産した製品の現地販売を目指す。

海外販売は北米に続き、東南アジアやヨーロッパへの本格的参入に着手。製品の優位性を明確にし、海外顧客の要望に合った商品を提供するために、現地に最終加工場を確保することも視野に置く。

国内では、キョクヨーブランドの認知度向上のため、テレビCMを放映するなどの施策を打っている。今後も放映回数・時間を充実させていく考えで、新聞、雑誌メディアなどの露出も増やすとしている。

商品開発については、特に焼き魚、煮魚では国内外の生産設備の増強・改善を行い、焼き魚・煮魚製造で国内№1を目指す。

10 キリンビール
──食から医にわたる領域で価値を創造し、世界のCSV先進企業を目指す

ビールメーカーの老舗で、「キリン一番搾り生ビール」「キリン のどごし〈生〉」「本麒麟」「キリン 氷結」などを主軸とする。

キリングループとしてのコーポレートスローガン（お客様や社会から見たキリンの存在意義をシンプルに表現したもの）は「よろこびがつなぐ世界へ」。グループ経営理念：ミッション（社会における永続的、長期的なキリンの存在意義）は、「キリングループは、自然と人を見つめるものづくりで、「食と健康」の新たなよろこびを広げ、こころ豊かな社会の実現に貢献します」を掲げる。

3つの成長シナリオと事業領域としては、

1. 食領域の収益力強化
2. 医薬事業の飛躍的な成長
3. 医と食をつなぐ事業の立ち上げ・育成

を掲げ、この3つの成長シナリオに沿って事業拡大に挑み、社会課題の解決に貢献することで、「世界のCSV先進企業」を目指すとする。

2019年7月1日付でキリンホールディングスは、中間持株会社のキリン株式会社を吸収合併し、キリンビール（麒麟麦酒）、キリンビバレッジ、メルシャンの3社を直接子会社化した。13年に新会社として設立されたキリン株式会社は、キリンビール、キリンビバレッジ、メルシャン3社の全株式を保有する中間持株会社で、キリングループの国内飲料事業を統括する役割を担っていたが、このたびグループ一体経営をさらに推進するためには、キリンHDとキリンを統合し、機動的な組織体制を構築することが最適であると判断したのである。

さかのぼれば、1885年（明治18年）にジャパ

ン・ブルワリー・カンパニーが設立されたのがその起源。88年には「キリンビール」が発売されている。すなわち、日本のビール産業の草分けであり、長年にわたって主力の「ラガー」が圧倒的な強さを誇ってきた。２００１年のビール・発泡酒の国内販売で、48年ぶりに首位の座を明け渡したものの、以後もビール市場における存在感は揺るがず、オセアニアや東南アジアなど海外市場でも圧倒的な存在感を示すほか、クラフトビール市場でもスプリングバレーブルワリーや「Tap Marche（タップ・マルシェ）」を展開するなど、ビール類市場の魅力化を図っている。

キリングループは長期経営構想「キリングループ・ビジョン２０２７」（略称：ＫＶ２０２７）とＫＶ２０２７の実現に向けた最初の3カ年計画である「キリングループ２０１９～21年中期経営計画」（略称：２０１９年中計）を策定した。

そのＫＶ２０２７において、キリングループは「食から医にわたる領域で価値を創造し、世界のＣＳＶ先進企業となる」ことを目指すとする。

さらにＫＶ２０２７実現に向けた長期非財務目標として、社会と価値を共創し持続的に成長するための指針として「キリングループＣＳＶパーパス（以下ＣＳＶパーパス）」を「持続可能な開発目標」（ＳＤＧｓ）等を参照しながら策定した。

また「ＣＳＶパーパス」を実現するためのアクションプランである「キリングループＣＳＶコミットメント（以下ＣＳＶコミットメント）」を見直し、キリングループ２０１９～21年中期経営計画の非財務目標として設定し、グループ全体で事業を通じて取り組んでいく。一方で、積極的に社会課題を成長機会と捉えイノベーションを実現して、食から医にわたる領域で価値を創造し、世界のＣＳＶ先進企業を目指す。

２０１９年8月、キリンＨＤは、化粧品や健康食品のファンケルと資本業務提携契約を締結したと発表。巨額投資でファンケルの発行済み株式の3割を取得し、生活習慣病対策のサプリメントなど商品開発などで協力するという内容だ。健康領域の事業強化「医と食をつなぐ事業」への布石である。

11

コカ・コーラボトラーズジャパンホールディングス
――清涼飲料市場でトップシェアを誇る

アメリカを象徴する飲料「コカ・コーラ」は1886年、南部のジョージア州アトランタで誕生した。同社のHPには、その始まりについて次のようなエピソードが紹介されている。

ある日の午後、薬剤師のペンバートン博士は香り高いカラメル色のシロップを調合し、それを数軒隣にあったジェイコブスファーマシーという薬局に持ち込んだ。ここでシロップを炭酸水と混ぜ合わせて提供してみたところ、試飲した人はみなこの新しい飲みものを「他にはない特別な味だ」と絶賛する。そこでジェイコブスファーマシーでは、この飲みものをグラス1杯5セントで売り出すことにした。ペンバートン博士の経理係を務めていたフランク・M・ロビンソンがそれを「コカ・コーラ」と名付け、独自の筆跡で書いた製品ロゴを店先に掲げた。今日知られている『コカ・コーラ』のロゴが、このロビンソンの筆跡と同じ書体なのだ。

その成分・配合は今もトップシークレットであり、原液をアメリカで調整し、世界中に輸出して、世界各地のボトリング会社（ボトラー）が製造・販売するという形をとっている。その総体である「ザ コカ・コーラカンパニー」は、世界200以上の国や地域で多種多様な飲料を販売する世界最大の清涼飲料メーカーだ。

日本でも大正時代から販売され、高村光太郎の詩集『道程』や芥川龍之介の手紙の一節などに「コカ・コーラ」が登場している。とはいえ一般化したのは第二次世界大戦後のこと。ザ コカ・コーラ エクスポート コーポレーションが1945年10月に横浜で日本支社を発足。その後、総合食品卸問屋の小網商店代表・高梨仁三郎が56年に東京飲料株式会社（現：コカ・コーライーストジャパン株式会社）を設立し、さらに現在の日本コカ・コーラ株式会社の母体となる日本飲料工業株式会社も設立され、現在の日本のコカ・コーラシステムの原型となる体制が作られたのだ。

現在、日本では、原液の供給と製品の企画開発や広告などマーケティングを行う日本コカ・コーラと、全国各地域で製品の製造・販売を行うボトラー5社や関連会社などがグループを構成し、これが日本のコカ・コーラシステムと呼ばれている。

17年4月にはボトラーのコカ・コーラウエストとコカ・コーライーストジャパンが統合してコカ・コーラボトラーズジャパンが誕生した。国内コカ・コーラ製品の9割を販売する売上高1兆円規模の清涼飲料販売会社、巨大ボトラーだ。

さらに18年1月1日付で事業再編を実施し「コカ・コーラボトラーズジャパン」の商号を「コカ・コーラボトラーズジャパンホールディングス」へ変更、コカ・コーライーストジャパンを存続会社として（新）コカ・コーラウエスト並びに四国コカ・コーラボトリングを吸収合併したうえで、コカ・コーライーストジャパンの商号を「コカ・コーラボトラーズジャパン」へ変更した。

統合再編後の18年12月期第1四半期の連結決算は、売上高2138億2800万円（前年同期比約2・1倍）、営業利益31億6200万円（45・9％増）となった。

コカ・コーラ ボトラーズジャパングループが、社会に対して果たすべき使命＝存在意義を示した「ミッション」は「みんなの地域の日々に、ハッピーな瞬間とさわやかさを」。

また、経営の基盤としてグループ社員が常にこころがけておくべき「コーポレートアイデンティティ」として「地域密着」「顧客起点」「品格」「ダイバーシティ（多様性／多面性）」の4つを掲げている。

12

サッポロホールディングス
——伝統のフロンティアスピリットは健在

2010年からの企業スローガンは「乾杯をもっとおいしく」。経営理念としては、次のような文章が掲げられている。

「サッポロビールは、『お酒は、お客様の楽しく豊かな生活を、より楽しく豊かにできる』と信じています

開拓使麦酒醸造所設立以来の、モノ造りへの想いや信念を忘れず将来に伝え、全ての企業活動を通して、新しい楽しさや豊かさをお客様に発見していただけるサッポロビールを目指します

これが、サッポロビールの永遠の務めです

サッポロビールは、お客様に『サッポロビールを選んでよかった』と言われる企業でありたいと考えます」

創業は1876年（明治9年）。政府の開拓使が日本人として初めて本場ドイツで修業したビール醸造人中川清兵衛を迎え入れ、北海道札幌市に札幌麦酒醸造所を設立、そこで作られた「冷製札幌ビール」が社名の由来とされている。「冷製」とはドイツ醸造法による、低温で発酵・熟成させたビールとの意味。ラベルに描かれた開拓使のマーク「北極星」が、サッポロビール伝統のシンボルだ。

1882年に開拓使が廃止され、開拓使麦酒醸造所は農商務省工務局の所管となり「札幌麦酒醸造所」と改称。その後、北海道庁に移管されたが、大倉喜八郎が民間払い下げを受け、1886年「大倉組札幌麦酒醸造場」に、さらに翌年、渋沢栄一、浅野総一郎らに事業を譲渡し、新会社「札幌麦酒会社」を設立。こうして現在のサッポロビールにつながる基礎が作られたのである。

2003年7月1日付で大きな組織変革を行った。それは、サッポログループが、純粋持株会社「サッポロホールディングス株式会社」のもとで、サッポロビール株式会社、サッポロビール飲料株式会社、株式会社サッポロライオン、恵比寿ガーデンプレイス株式会社にそれぞれ自主独立し、4つの事業を主として行うグループとして生まれ変わるというもの。サッポロビール株式会社は、酒類事業を担う新設会社として、ビール・発泡酒を中核に置きつつ、収益構造の改革を目指すことになった。

現在のビールの柱である「黒ラベル」が発売されたのは1977年のこと。これがビール業界に生ビール時代を招来した。87年には高級路線で好評な「ヱビス」を投入。同社の伝統であるフロンティアスピリットは、その後の新商品開発にも受け継がれている。発泡酒「サッポロ北海道生搾り」(2001年)、第3のビール「ドラフトワン」(04年)などは新ジャンル市場の拡大に大いに寄与した。

ビール市場全体では縮小を続けているが、「サッポロ生ビール黒ラベル」が相変わらず好調で、15年から4年連続で売上増となっている(「黒ラベル」誕生40周年にあたる17年はブランド計前年同期比103%、缶に限れば同114・7%)。とくに若年層への浸透が功奏した。

18年は「黒ラベル」とともに、「ヱビスビール」の缶も健闘。同年からサッポロビールとして始動した輸出事業では、中国への再進出を果たすなど、グローバル展開の推進に向けた新たな挑戦を進めた。

19年は「ビール再強化宣言」を事業方針に掲げ、「黒ラベル」の継続的伸長と20年に130周年を迎えるヱビスブランドのスケールアップを中心に、ビール強化の流れをさらに推し進める。

また、19年10月には、20年3月以降に製造するビール類の缶・瓶製品の賞味期限を現在の9カ月から12カ月に延長すると発表。製品の仕様は変更していないが、品質が長持ちする独自開発の大麦を11年に採用するなど改良を重ねてきた。10月1日に施行した食品ロス削減推進法で、廃棄される食品の削減に積極的に取り組むことが「事業者の責務」と明記されたことを受け、業界に先駆けての実施となった。

13 サントリー
――「やってみなはれ」精神で挑戦するグローバル総合酒類食品企業

飲料最大手。創業以来、酒類、食品、健康食品等、各分野で新しい商品を生み出し、花、健康食品、外食、フィットネス、情報サービスなど新規分野へも挑戦する「グローバル総合酒類食品企業」。日本国内のみならずアジア・中国・アメリカ・ヨーロッパなど世界中で積極的に事業を展開している。

企業理念は「人と自然と響きあう」。２００５年からは新たに「水と生きる」をコーポレートメッセージに掲げている。

創業は１８９９年（明治32年）。鳥井信治郎が、葡萄酒の製造販売を目的とした鳥井商店を大阪市で起こした。これを母体として、１０２１年（大正10年）、株式会社壽屋（ことぶきや）が設立された。そして１９２９年（昭和４年）に発売したウイスキーを「サントリー」と命名。これが正式に社名となったのは、１９６３年（昭和38年）のことである。

２００９年には持株会社としてサントリーホールディングス株式会社を株式移転で設立。サントリー株式会社が吸収分割と新設分割を行い、コーポレート部門を持株会社に吸収させると同時に、サントリーの各カンパニーや事業部を既存子会社へ吸収させるか子会社の新設により独立させて、サントリー酒類株式会社（酒類事業会社・旧サントリー株式会社）、サントリーワインインターナショナル株式会社（ワイン事業会社）、サントリー食品インターナショナル株式会社（飲料・食品事業会社）、サントリーウエルネス株式会社（健康食品事業会社）、サントリービジネスエキスパート株式会社（ビジネスサポート会社）として、持株会社傘下の完全子会社とし、純粋持株会社制に移行した。

同社の社風・風土を表すキャッチフレーズとして知られているのが「やってみなはれ」だ。これは正確には「やってみなはれ　やらなわからしまへんで」というもので、創業者・鳥井信治郎が未知の分野に挑戦しようとして周囲から反対を受けるたびにいっていた口癖だったのだそうだ。このチャレンジ精神＝「やってみなはれ」は、以来の伝統であり、今も採用ページのトップに掲げられる同社の重要なスピリットなのだ。

初代から4代まで歴代社長は創業家の鳥井家と佐治家（佐治姓は鳥井家次男の家系）が交互に務めてきたが、2014年、5代目社長を初めて創業家以外から迎えた。それが三菱商事出身でローソン社長だった新浪剛史氏である。

新浪社長に託されたのは、グローバル企業への脱皮であった。同年、ジム・ビームの銘柄を保有していたビーム社全株を総額160億ドル（約1兆6500億円）で取得、買収したが、そのビーム社との経営統合を成功させることが最大のミッションだったのである。

結果的に2019年、日米合作のウイスキー「リージェント」を発売し、ビーム社との統合完了を宣言。サントリーはスピリッツメーカーとして世界第3位の地位を確たるものとしたのである。

サントリーは、社会情勢の変化や健康に対する消費者ニーズの高まりといった昨今の事業環境の変化を踏まえ、新たなビジョンとして「次世代の飲用体験を誰よりも先に創造し、人々のドリンキングライフをより自然で、健康で、便利で、豊かなものにする」を策定した。

そのビジョンのもと、目指す姿として、グローバル飲料業界における「世界第3極」の地位を確立するとともに、2030年売上2・5兆円を目指す。この目標を達成するために策定した長期経営戦略では、1．各国・各地域の嗜好と健康ニーズに合わせたポートフォリオの進化　2．業界変化を捉え、技術革新を活用した飲み場・買い場（アベイラビリティ）拡大　3．競争力を生み出すグローバルでのMONOZUKURI の革新　4．成長市場にフォーカスしたエリア拡大戦略　などを挙げている。

14

ＪＴ（日本たばこ産業）
――食品事業、医薬事業分野でも躍進

国内たばこ製造を独占し、バイオ、食品にも展開するＪＴは、売上高2兆2159億円（2018年12月期連結決算の売上高）を誇る巨大企業である。世界の食品会社の中にあってもトップクラスの規模だ。経常利益は5315億円で、これは国内企業ランキング18位（全産業）の位置にある。

ＪＴグループのコミュニケーションワードは「ひとのときを、想う。」

旧・日本専売公社から業務を継承し、株式会社となったのが1985年のこと（特別法『日本たばこ産業株式会社法』による特殊会社で、根拠法には、全株式のうち3分の1以上の株式は日本国政府（財務省）が保有しなければならないと規定されている）。

株式会社化以後もたばこ事業法により、国産葉たばこの全量買取契約が義務付けられる一方、たばこ製造の独占が認められている。国内及び海外のたばこ事業での売り上げが約90％を占めている。

現在は、たばこ事業に加え、医薬事業、食品事業に経営資源を集中する。医薬事業では国際的に通用する特色ある研究開発主導型事業を構築し、オリジナル新薬の開発を通じて、人々の健康に貢献する確かな医薬品作りに取り組む。

その構成比は、国内たばこ28・0％、海外たばこ59・2％、医療事業5・1％、食料事業7・3％となっている（アニュアルレポート2018年より）。

2018年のＪＴグループの経営理念（4Ｓモデル）は「お客様を中心として、株主、従業員、社会の4者に対する責任を高い次元でバランスよく果たし、4者の満足度を高めていく」というもの。

この4Sモデルを通じ、中長期の持続的な利益成長を実現し、お客様に新たな価値・満足を継続的に提供すること、中長期的視点から、将来の利益成長に向けた事業投資を実行することが目指すところだ。

医薬事業に進出したのは87年のこと。93年には自社研究施設「医薬総合研究所」を設立した。ここを中心に、主に「糖・脂質代謝」「ウイルス」「免疫・炎症」の領域で研究開発を行っている。2000年には海外での開発機能を強化すべく、米国ニュージャージー州にある子会社アクロス・ファーマ社に臨床開発機能を付加し、海外での臨床開発の拠点としている。

食品事業では、2008年に完全子会社化した「加ト吉」との間で事業再編を行い、10年、「加ト吉」から商号変更した「テーブルマーク」が冷凍食品をはじめとする加工食品事業、「富士食品工業」が調味料事業、「サンジェルマン」がベーカリー事業を担う。

飲料事業については15年、飲料自動販売機事業と飲料「桃の天然水」「ルーツ」ブランドをサントリー食品インターナショナルに売却、飲料事業から撤退することとなった。

19年には中間持株会社のテーブルマークホールディングスを解散し、孫会社であったテーブルマーク株式会社、富士食品工業株式会社、株式会社サンジェルマンの3社を直接の子会社とする組織再編を実施した。

17年、インドネシアのたばこメーカー、カリヤディビア・マハディカと流通会社2社を買収。インドネシアは中国に次ぐ世界第2位のたばこ市場だ。18年は、バングラデシュ2位のたばこ会社アキジグループのたばこ事業を買収。M&Aを核にした世界戦略を大胆に実行に移している。

21年には本社機能を神谷町トラストタワー（森トラスト）に移転予定となっている。

15

東洋水産
——総合食品メーカーとして大展開

水産加工をはじめ、即席めん「マルちゃん」ブランドで知られる総合食品メーカー。

企業理念として掲げられているのは、

「東洋水産は、1953年の創業以来『やる気と誠意』をもって事にあたり、『公明正大』であることを社是とし、『公正な経営』・『自主独往の経営』・『従業員が報いられる経営』を経営理念として掲げ、今日に至っております。そのような中、時代が変わっても一貫して変わらないのは、『顧客第一主義』というお客様のことを第一に考えるという姿勢と想いです。当社にとって商品やサービスを通じてお客様の笑顔に出会えることが最大の喜びであり、そのお客様の笑顔は社員一人ひとりの喜びにも繋がると考えます。これからも大切にしていきたいのは、関わる全ての人が幸せであるということ。それが私たち東洋水産の願いです。」

というメッセージだ。

スローガンは、「Smiles for All. すべては、笑顔のために。」

ここにも次のようなメッセージが添えられている。

「〝食を通じ、みなさまに笑顔をお届けしたい〟私たち東洋水産グループは、その想いをマルちゃんマークに込め、品質とおいしさにこだわった食品づくりに取り組んでまいりました。自然に笑顔がこぼれるようなおいしさを、食卓へ。いつまでも変わらず、安心な製品を、世の中へ。〝すべては、笑顔のために。〟私たちはこれからも取り組んでまいります。」

加工食品部門では即席めんの他に、生めん、冷凍めん、冷凍食品、チルド食品、包装米飯類、練り製品、レトルト食品、スープ、調味料などを手がける。総合食品メーカーとしての展開をさらに充実させる方向だ。分野も一般家庭向け、業務向けと幅広く、グループ企業も32社（海外10社）を数える。

売上構成は、国内即席めん事業31・8％、海外即席めん事業20・9％、低温食品事業17・3％、その他事業12・2％、水産食品事業7・5％、加工食品事業5・7％、冷蔵事業4・6％。19年3月期の売上高は4011億円だ。

おなじみの「ホットヌードル」「赤いきつね」が好調。72年からは米国で、95年からは中国で即席めんを生産・販売し、着実に業績を伸ばしている。

1953年、冷凍鯖の輸出及び国内水産物の取り扱いを始めたのが、同社のスタート。以来、魚介類・水産加工品の輸入買付販売を手がける水産部門は基幹事業の1つであり、年々取扱品目を増やし、扱い高を順調に伸ばしてきた。近年は特に海外水産物の開発・輸入販売に力を入れており、高品質の商材確保のため、米国、カナダ、北欧、台湾等へ社員・技術者を派遣し、現地での技術指導・品質管理を行っている。また、冷蔵庫部門も柱の事業だ。

近年の大ヒットはいうまでもなく2011年発売の袋めん「マルちゃん正麺」だ。およそ5年をかけて開発し、わずか1年で当初目標の2倍となる2億食を突破した。

20年3月期からの3年間を対象とする3カ年中期経営計画では、3つの基本戦略、①需要を引き出す新たな価値創造、②海外展開の深化、③経営基盤の強化を掲げている。その具体的施策としては、・既存ブランドの弛まぬ進化による価値の拡大　・既存事業の連携による新たな価値の創造　・技術開発と社会課題分析の融合による新たな価値の創造　・新規事業への進出による価値の上乗せ・米国・メキシコにおける新たな食文化の提案　・中南米における物量増加と生産体制再編による稼ぐ力の改善　・インド事業の現地への更なる浸透と安定成長サイクルの構築・安全・安心の更なる向上　・自動化推進・労働生産性の向上　・バリューチェーンの効率化・健康経営の推進を軸にした組織・人材の活性化への取り組み、などを示している。

16

ニチレイ
――冷凍事業を基盤に進化する総合食品企業

日本で初めて冷凍食品を生み出した。冷凍食品事業及び低温物流事業の国内最大手。株式会社ニチレイがグループを統括する持株会社を担い、4つの事業会社を中心に加工食品事業、水産・畜産事業、低温物流事業、医薬品・機能性素材事業を行っている。
その事業会社と事業内容は次のようになっている。
ニチレイフーズ（家庭用・業務用の冷凍食品、レトルト食品、アセロラ商品の製造、販売）
ニチレイフレッシュ（水産品、畜産品の輸出入、加工、販売株式会社）
ニチレイロジグループ本社（冷蔵倉庫、低温輸送の運営）
ニチレイバイオサイエンス（細胞培養関連試薬、診断薬、化粧品原料の製造、販売）
グループミッション（使命・存在意義）は「くらしを見つめ、人々に心の満足を提供する」、ビジョン（目指す姿）は「私たちは地球の恵みを活かしたものづくりと、卓越した物流サービスを通じて、豊かな食生活と健康を支えつづけます。」
ブランドステートメントは「『おいしさ』と『新鮮』をネットワークする。」、コミュニケーションメッセージは「おいしい瞬間を届けたい。」
もともとニチレイは、1945年、日本冷蔵株式会社として発足。46年に果汁入りアイスキャンディー「レイカ（冷菓）」を販売した。49年、東京、大阪、名古屋の各証券取引所に株式を上場。51年には冷凍みかん・冷凍いちごの生産を開始している。
52年には調理冷凍食品の生産・販売を開始した。これは日本初の超低温・大型冷蔵倉庫を設置するもので、冷凍食品とそれを流通させるためのコールドチェーンの普及をリードした。

50年以降は、冷凍事業を基盤とした多角的な総合食品企業を目指してきた。その後も、時代の流れに合わせた柔軟な経営方針を打ち出し、80年には全社員から未来に関する提言を求め、それをもとに新しい中長期経営計画が練られた。

85年には、社名を現在のニチレイに変更、2005年に持株会社制に移行している。

長期経営目標「2030年の姿」では、「イノベーションの推進により、お客様及び社会の課題を解決する新たな価値を創造し、人々の豊かな食生活と健康に貢献している。国内事業においては、高付加価値化と資本効率の最大化を実現し、加工食品事業と低温物流事業で№1の高収益企業として確固たる地位を築いている。海外事業においては、M&Aとアライアンスにより規模とエリアを拡大し、海外売上高比率30%を達成している。また、新規事業の創出により新たな収益の柱を確立している。」と、ありたい姿を描いている。

経営数値目標としては、売上高1兆円、海外売上高比率30%、売上高営業利益率8%、を掲げている。

中期経営計画「WeWill 2021」（2019～21年度）では、経営環境の変化を的確にとらえながら、加工食品事業と低温物流事業を中心に成長及び基盤強化に向けた設備投資を実施し、「持続的な利益成長」と「豊かな食生活と健康を支える新たな価値の創造」の実現を目指している。

目標達成のために掲げられている施策は以下のとおり。

(1) 国内では経営基盤の強化や事業構造の変革により収益力を向上する。
(2) 海外では事業規模拡大を加速する。
(3) 中長期を見据えた新規事業開発・研究開発・業務革新の取り組みを強化する。
(4) 事業を通じて社会課題を解決し持続可能な社会の実現に貢献する。
(5) 働き方改革や多様な人材の活躍推進に注力する。

17 日清食品

——即席めん、カップめん開発普及の功績は大

インスタントラーメン「チキンラーメン」（1958年）、カップめん「カップヌードル」（71年）など、革新的なインスタント食品を生み出してきた。カップめんでは2006年に明星食品を子会社化して国内シェア5割超となる。

そんな即席めんトップの日清食品を中心に、日清食品グループを形成する。

日清食品グループは、創業者・安藤百福氏が掲げた「食足世平」（食が足りてこそ世の中が平和になる）、「食創為世」（世の中のために食を創造する）、「美健賢食」（美しく健康な身体は賢い食生活から）、「食為聖職」（食の仕事は聖職である）の4つの精神をもとに、グループ理念である「EARTH FOOD CREATOR」（私たち日清食品グループは、さまざまな「食」の可能性を追求し、夢のあるおいしさを創造していきます。さらに、人類を「食」の楽しみや喜びで満たすことを通じて、社会や地球に貢献します。）の体現を目指している。

日清食品ホールディングスは、08年にそれまでの日清食品から社名変更して、純粋持株会社に移行する形で成立した。即席めん事業を「日清食品株式会社」、チルド食品事業を「日清食品チルド株式会社」、冷凍食品事業を「日清食品冷凍株式会社」、業務サポート部門を「日清食品ビジネスサポート株式会社」など事業会社をそれぞれ新設・承継し、日清食品グループとしてまとめている。

もともとの日清食品は1948年創業。創業者の安藤百福氏が執念のような試行錯誤を続けてチキンラーメンを開発した逸話はよく知られている。その後も数多くのヒット商品を世に送り出した。ある種

の天才であった百福ワンマン体制から、ブランドマネージャー制など先進的な制度を導入し、近代的な企業に脱皮させたのは、百福の次男・安藤宏基社長の手腕によるものだ。

２０１５年4月には、日清食品の社長に安藤徳隆氏が就任。徳隆氏は創業者・安藤百福氏の孫で、日清食品ＨＤ社長・安藤宏基氏の長男にあたる。就任時37歳の若さで、経営改革への手腕に期待を集めている。

海外展開も積極的で、18年にはミャンマーの大手食品メーカー、ルビアと組み、即席めんの現地生産を開始した。ミャンマー人の味覚に合わせた4製品を開発し、ヤンゴン市内の工場で製造。20年までに年間1億食の販売を目指している。

「日清食品グループ 中期経営計画２０２０」ではグローバルカンパニーの評価獲得に向けた戦略を立案している（以下要約）。

1．グローバルブランディングの促進

海外の収益性向上のため、日清食品グループの強みが活かせる高付加価値商品である「カップヌードル」の海外展開を加速。海外販売食数において1．5倍の成長を目指す。

2．海外重点地域への集中

BRICs（ブラジル、ロシア、インド、中国）を重点地域として、確実な利益成長を実現する。中国では、成長する縦型カップめん市場のトップシェアを活かし、「カップヌードル」の販売エリアをさらに拡大。インドでは、都市部における袋麺での成長を推進するとともに、急増する中間富裕層に向けた「カップヌードル」の販売も強化。また、ブラジル、ロシアは№1シェアの確固たる基盤を活かし、ブラジルについては「カップヌードル」の販売強化を、ロシアについてはさらなるシェアの獲得と利益の拡大を目指す。

3．国内収益基盤の盤石化

マーケティングを軸とした「国内市場の深耕」、食の安全のさらなる強化と生産効率の向上を可能にする「工場高度化投資」を実行し、国内即席麺事業の収益基盤をより盤石なものとしていくことで、「１００年ブランドカンパニー」の実現を目指す。

18 日清製粉グループ本社

——国内の小麦粉市場のシェアナンバーワン

日清製粉グループは、小麦粉の製造及び販売を主な事業とし、加工食品、中食・惣菜、酵母・バイオ、ペットフード、健康食品、エンジニアリング、メッシュクロスなどの事業を加えた企業グループある。

創業は1900年（明治33年）。日清製粉の前身「館林製粉株式会社」設立がそのスタートだ。以後、高い生産技術と優れたマーケティング力によって順調に業績を伸ばしてきた。

60年代には急速に洋食化が進んだため、小麦粉市場も拡大。以後、飼料部門を設置するなど多角化を進めてきた。創業100周年を迎えた2001年には、次の100年へ向かって大きな変革と進化を遂げるべく、分社化によるグループ体制に移行し、日清製粉グループ本社を純粋持株会社として長期的な企業価値の極大化を経営の基本方針とし、コア事業と成長事業へ重点的に資源配分を行いながらグループ経営を展開している。

従来の製粉、食品、医薬、飼料、ペットフードの5事業部門は分社化され、日清製粉グループは、製粉部門が新設立の「日清製粉」、食品部門は冷凍食品子会社の「日清フーズ」に統合、医薬部門は新設する「日清ファルマ」に営業譲渡、飼料部門が「日清飼料」（2003年に丸紅飼料と経営統合し、持分法適用会社の日清丸紅飼料となる）、ペットフード事業部が「日清ペットフード」、そしてすでに分社済みの「日清エンジニアリング」から構成されることになった。

日清製粉は製粉業界トップの実力を誇る。国内の小麦粉市場の3分の1以上のシェアを占め、この扱い量は世界でもトップクラスだ。種類も400種を超える。

15年以降、国内外で新工場を続々と稼働。18年7月にはベトナム南部のホーチミン市近郊で、揚げ物やケーキ、パンなどで使われる業務用プレミックスの新工場を建設すると発表した。同年はタイでも小麦粉などの製造・販売を手がけるパシフィック製粉から、製粉工場を約18億円で取得。この結果、同社のタイでの小麦粉の生産能力は原料小麦ベースで1日当たり630トンと2・3倍に拡大する。パンや菓子向けなどの需要が増えているタイで供給体制を強化し、さらに販売を伸ばすのが狙いだ。

海外M&Aにも積極的で、19年には、豪州の産業用を除く小麦粉市場でトップシェアを持つAllied Pinnacle社を子会社化。13年にもニュージーランドの製粉会社チャンピオン製粉を子会社化しており、双方の販売・物流網を活用した拡販や業務効率化などのシナジー創出を目指すという。

18年5月には、長期ビジョン「NNI〝Compass for the Future 新しいステージに向けて〟総合力の発揮とモデルチェンジ」を策定。社内外で各事業の連携を強め、総合力の最大化を図ることなど、あらゆる場面でシナジー効果を追求していく方針を明らかにした。

そこに描かれた未来に向けて目指す姿は、

「『安全・安心』を最優先に、多様な製品やサービスをお客様・消費者の皆様に安定的にお届けする。『グループ総合力』を結集したイノベーションを通じ社会に新たな価値を提供し続ける。

自由な発想とボーダレスな思考に溢れた活気ある企業グループとして、新たなことに挑戦する風土を改めて醸成し、高い収益性と着実な成長性を生み出す原動力としていく。

〝未来に向かって、『健康』を支え『食のインフラ』を担うグローバル展開企業〟として、更なる発展を目指す。」

というもの。

創業以来の社是は「信を万事の本と為す」と「時代への適合」、企業理念は「健康で豊かな生活づくりに貢献する」

19

日本水産
——水産、食品、ファインケミカルの分野を強化

水産事業、加工食品事業、物流事業、医薬品事業、船舶の建造・修繕及び運航とプラント機材他の販売などを行っている。同社のブランド名でもあるニッスイとしても知られる。

創業理念「水の水道におけるは、水産物の生産配給における理想である」のもと、水産物をはじめとした資源から多様な価値を創造し続けている。

経営の基本方針は「私たちは、水産資源の持続的利用と地球環境の保全に配慮し、水産物をはじめとした資源から、多様な価値を創造し続け、世界の人々のいきいきとした生活と希望ある未来に貢献します。」というもの。

創業は1911年（明治44年）、下関港を根拠地として、トロール漁業経営に着手したのがその始まりである。当時は漁船が動力化したばかりで、今でいえばベンチャービジネスだ。以後、その水産事業を拡大するとともに、「ニッスイ」ブランドで知られる総合食品企業として発展してきた。

70年代後半に世界各国が200海里漁業専管水域を導入した結果、同社の基幹事業である遠洋漁業は90年代までに終焉を迎えた。

96年から5年間にわたる中期経営計画では、「選択と集中」「業務の標準化」「情報を軸とする経営」を実践し、収益力ある企業体質へ変換を図ってきた。

現在、水産事業では、グループが持つ世界各地のネットワークを生かし、買付・養殖・漁獲など、地球規模で水産資源を調達・加工し、さまざまな商品を供給している。鮮魚・凍魚などの食材だけではなく、フィッシュオイル（魚油）、フィッシュミール（魚粉・養殖用飼料）等への加工も手がける。

　食品事業では、スーパーなどの量販店、コンビニ、外食、給食などに商品を供給している。家庭用の冷凍食品（焼きおにぎり、ちゃんぽん）、ねり製品（ちくわ、かまぼこ、フィッシュソーセージ）、缶詰をはじめ、取り扱う食材の領域は、水産品のみならず、農産品や鶏肉加工品など、多岐に広がっている。マーケットのグローバル化に伴い、国内外の機能拠点を有機的につなぐサプライチェーンはニッスイの大きな強みになっている。

　ファインケミカル事業では、いわしなどの青魚に多く含まれる油脂成分「EPA」から医薬品やサプリメント、特定保健用食品を開発・製造している。他にもカニ由来の「グルコサミン」や魚由来の「コレステロール」「マリンコラーゲン」など、可能性を秘めた水産資源から新しい価値を創造するために、研究開発を続けている。

　新中期経営計画「MVIP+（プラス）2020」では、次のようなテーマを掲げている。

1. 持続可能な水産資源の利用と調達の推進
2. 資源の最大活用と製品ロスの最小化を目指し、動植物性残渣の削減や賞味期限延長などの検討
3. 水産資源などの素材がもつ機能を活かした、健康に寄与する医薬原料や食品の拡大
4. ライフスタイルの変化に対応した事業への構造転換
5. 海外展開の加速（水産／食品事業における、欧州での更なる拡大とアジアへの注力　医薬原料の海外展開）
6. 水産資源の持続可能性につながる研究開発の更なる強化（養殖事業の海外展開や新魚種への挑戦　新規機能性脂質の研究）
7. 働き方改革や健康増進支援策等を通じた健康経営の推進
8. コーポレートガバナンスの強化

17年6月には、マダコの完全養殖の技術構築に成功したと発表。18年9月からは国産の養殖エビを数量限定で高級レストランなど外食店に向けに発売した。鮮度が高く、解凍して生食が可能な点が特徴で、これまでは輸入品がほとんどだった。20年までに事業化できるかどうかを判断する。

20 日本ハム

――独自の垂直統合経営で日本トップの座を堅持

食肉業界では日本トップ、世界でも第4位。2014年にコーポレートロゴを初改定し、英字表記のNipponhamとした。日本ルナ・グループや、北海道日本ハムファイターズ、日本フード・グループ、セレッソ大阪、日本ハム販売グループ、宝幸など約90社の関連企業がある。

創業は1942年。大社義規氏が徳島市で「徳島食肉加工場」として設立した。63年には商号を日本ハム株式会社に変更し、本店を大阪市浪速区に移転。73年にはプリマハムを抜いて、業界トップの座に立った。最大のヒット商品は85年発売のシャウエッセンで、現在に至るまでトップブランドの座を保ち続けている。他にも「森の薫り」「チキンナゲット」「中華名菜」など新しい視点の商品を次々と送り出し、大ヒットさせてきた。

企業理念は、1.わが社は「食べる喜び」を基本のテーマとし、時代を画する文化を創造し、社会に貢献する。2.わが社は、従業員が真の幸せと生きがいを求める場として存在する。

同社の躍進を支えてきたのが、独自のバーチカル・インテグレーション・システム（垂直統合経営）だ。これは、自らのファームで飼育した原料を自社の工場で各種製品に処理・加工し、全国の営業拠点を通してダイレクトに販売するシステム。生産から販売まで自社グループが運営管理するという一貫したシステムにより、商品の徹底した品質管理と安定供給が実現できるのである。

牛肉自由化時代を迎えて、海外で構築したインテグレーション・システムも順調に稼働。オーストラリアの広大な日本フード牧場で飼育された肉牛は、傘下に収めた現地の食肉処理工場で加工され、チルド状態で日本に運搬される。

18年に発表された「中期経営計画２０２０」では、21年３月31日までの事業計画を策定している。テーマは「未来につなげる仕組み作り」。これは「変化の激しい環境下で、当社グループが持続的に発展していくため」「持続可能な社会の実現に向け食と健康の面から貢献するため」という目的を持つ。具体的には「短期思考・既成概念から脱却し、より長期思考へ」「全社戦略と事業戦略との整合性を図り、収益改善への改革を推進する」「結果にこだわり、今中計を達成する仕組みを構築」という内容だ。

５つの経営方針は、

1　既存事業の効率化による収益力強化
2　消費者との対話を通じた価値の創造
3　食の未来構想／実現のための技術力強化・育成
4　海外市場展開のギア・チェンジ
5　持続可能性の追求

である。

この中期経営計画２０２０の策定ポイントは、ニッポンハムグループの〝ありたい姿〟を想い描き、その〝ありたい姿〟からのバックキャストで進むべき方向性を定めたことである。

その〝ありたい姿〟は、「おいしさの〝とき〟を届けたい」「この想いを分かち合う世界の仲間とともに」「人々の健やかな生活を支える」という言葉に集約した。

また、23年３月開業に向けて、北海道札幌市に新球場を建設することが正式に決定した。新球場は「北海道ボールパーク（仮称）」といい、建設費用はおよそ６００億円。施主はニッポンハムグループを主体とした新球場保有・運営会社で、資本金２００億円超、ニッポンハムグループの出資比率は66・7％、他の33・3％は外部パートナーを想定している。同社筆頭株主はファイターズ。

新球場のコンセプトは「〝北海道のシンボル〟となる空間を創造する」。食とスポーツを有機的に融合させることで健康を育み、道民・市民・ファンの皆様が愛着と誇りを持てる施設を目指すとしている。

21

ハウス食品
——食を通じて家庭の幸せに貢献

カレーなどの香辛料の最大手。カレーやシチューの収益力を基盤に、安定成長を続ける。製品開発にも積極的で、スナック、ドリンク、レトルト、ラーメン、デザートなど幅広い分野に参入。マーケティング力には定評がある。組織は、東京本社と大阪本社の2本社体制。創業80周年にあたる93年に「ハウス食品工業」から現在の「ハウス食品」に社名を変更した。

企業理念は「食を通じて、家庭の幸せに役立つ」コーポレートメッセージとして「おいしさとやすらぎを」を掲げている。

1913年（大正2年）、創業者・浦上靖介氏が大阪市に薬種化学原料店「浦上商店」を創業したのがその始まり。26年（大正15年）には、稲田食品製造所から商標とその営業権、小阪工場を譲り受け「ホームカレー」でカレー業界に進出する。しかし「ホームカレー」に商標権上の問題が発生し、28年（昭和3年）「ハウスカレー」と名を変え発売、これが大当たりとなった。

80年には新スローガンとして「楽しい家庭料理の世界をひろげるハウス食品」を採用し、社のマーク及びロゴタイプを一新した。この年、売上高1000億円を突破している。

83年には、ミネラルウォーター「六甲のおいしい水」を発売。以後は飲料事業にも力を入れ、「ウコンの力」や「ニンニクの力」などの健康飲料も発売した。さらに、「PURE-IN シリーズ」や「黒豆ココア」といった健康食品の製造・販売も行うなど、新分野に取り組んでいる。

2006年には、武田薬品工業の子会社である武田食品工業の事業を新会社「ハウスウェルネスフーズ」に移行。07年、完全子会社し、健康食品事業をさらに強化することになった。

10年には「六甲のおいしい水」の製造工場と採水場を、アサヒ飲料に売却。製造・販売及び商標権をアサヒ飲料が引き継いだことで、ミネラルウォーター事業から撤退した。

北米では豆腐事業を関係会社「ハウス フーズ アメリカ」が展開し、２０００年代において業界2位となっている。

13年10月には持株会社体制に移行。（旧）ハウス食品株式会社をハウス食品グループ本社株式会社に、ハウス食品分割準備株式会社を（新）ハウス食品株式会社にそれぞれ商号変更した。以前よりハウス食品株式会社が行っていた「ウコンの力」をはじめとする健康食品事業については、ハウス食品グループ本社の子会社となるハウスウェルネスフーズに移管した。

２０２０年に向けた「第５次中期計画」では、『食で健康』クオリティ企業への変革」をテーマとしており、「香辛・調味加工食品事業」「健康食品事業」「海外事業」「外食事業」の４つの事業セグメントそれぞれの強化を図っている。

「香辛・調味加工食品事業」では、既存領域の強化、新規領域の展開が課題で、具体的には、ルウ製品ではブランド価値の向上、レトルト製品では顧客ニーズに対応した新製品の定着に注力。

18年秋には乳酸菌事業に本格参入した。グループ各社が展開するカレーやゼリー類、飲料、菓子類などに乳酸菌入りのタイプを追加する。19年には兵庫県伊丹市にあるハウスウェルネスフーズの工場の敷地内に培養設備を作り、食品や飲料に使う乳酸菌原料の自社生産に乗り出す。

18年で年間3億円程度の乳酸菌事業を24年には１００億円規模まで伸ばす目標だ。

また、19年には広島県三原市の豆腐メーカー「やまみ」に出資し、国内での豆腐の製造・販売事業に参入。米国の２つの工場で製造しているような豆腐を加工した商品を製造する。事業規模は中長期的に５００億〜１０００億円を目指す。

22 プリマハム
――グループ会社との連結経営力が強み

食肉加工食品メーカーとしてハム・ソーセージを主力商品とする業界3位。

経営理念（プリマの原点）は、

一、正直で基本に忠実

一、商品と品質はプリマの命

一、絶えざる革新でお客様に貢献

経営ビジョンは「一人一人が創造力、提案力とスピーディーな行動力を発揮し、卓越した商品開発力と技術力を結集して、総合力でお客様に安全でおいしい食品と関連情報を提供し健康で豊かな食生活に貢献する。果敢に自己変革して収益力のある総合食品企業に脱皮する。」というもの。

１９３１年、石川県の金沢市で創業された竹岸ハム商会が前身。商号が現在のプリマハムとなったのは65年だ。以後、ハム・ソーセージ、テーブルミート、調理食品を中心として確固たる地位を築いてきた。

主力商品は「香薫あらびきポークウインナー」で、２０１４年にはドイツの権威あるＤＬＧコンテストで金賞を獲得した。こうしたハム・ソーセージに加え「直火焼デミグラスハンバーグ」などの加工食品を擁する加工食品事業、ついで「ハーブ三元豚」などオリジナルブランドミートを擁する食肉事業が事業の中心となっている。

03年４月には伊藤忠商事を引受先とする約32億円の第三者割り当て増資を実施、この結果、プリマハムの株式の持株比率が39・88％に高まり、事実上、伊藤忠の傘下に入った。19年８月、伊藤忠商事の子会社である伊藤忠食品がプリマハムの議決権の０・67％にあたる34万７６００株を取得し、伊藤忠商事の持ち分比率は間接所有を含めて40・56％に高まった。

プリマハムは伊藤忠商事の持分法適用関連会社となっている。両社は資本関係に加え、原材料の調達・製品の販売などにおいて協業関係にある。

18～20年度の中期経営計画ローリングプランでは、基本方針として「コーポレートガバナンス強化とCSR推進による継続的な経営革新」「既存2大事業の領域拡大及び収益基盤の更なる強化」「成長市場に向けた事業創造とグローバル展開」の3点を掲げている。

経営方針は「営業力・開発力・商品力の強化により、売上と利益の規模と質を高め、ESGを重視した経営を推進し、『いつも、ずっと、お客様に愛され、支持される会社』になる。」

基本方針としては、以下の項目が掲げられている。

1．コーポレートガバナンス強化とCSR推進による継続的な経営革新

品質保証体制の強化

環境保全、法令順守、内部統制、財務・非財務情報の充実

人材育成、職場環境、変革意識の醸成

2．既存事業の領域拡大及び収益基盤の更なる強化

事業基盤の強化（コスト構造改革・投資・調達）

営業力と成長領域への取り組み強化

消費者視点での商品政策（安心・安全・美味しい・健康）

3．成長市場に向けた事業創造とグローバル展開

伊藤忠商事とのコラボレーションを主体とした国内外事業展開

革新的技術の開発・導入

グループ会社との連結経営強化

連結損益中期経営計画（ローリングプラン）における22年3月期計画は、連結売上高4730億円、営業利益167億円、経常利益172億円、当期純利益112億円だ。

23 マルハニチロ
――よりグローバルに水産・食品事業を展開

水産加工大手で、グローバルに成長する21世紀のエクセレントカンパニーを目指す。

グループ理念は「私たちは誠実を旨とし、本物・安心・健康な『食』の提供を通じて、人々の豊かなくらしとしあわせに貢献します。」、グループスローガンは「世界においしいしあわせを」。グループビジョンは、

「マルハニチログループは、

・地球環境に配慮し、世界の「食」に貢献する21世紀のエクセレントカンパニーを目指します。

・お客様の立場に立ち、お客様にご満足いただける価値創造企業を目指します。

・持続可能な「食」の資源調達力と技術開発力を高め、グローバルに成長を続ける企業を目指します。」

というもの。

かつて、マルハとニチロは独立した企業だった。マルハ（旧・大洋漁業）は創業1880年で、遠洋漁業、捕鯨、水産加工を営む企業。ニチロ（旧・日魯漁業）は創業1906年で、北洋漁業・水産加工を行っていた。両社が経営統合したのは2007年のことだ。

まず、マルハの持株会社であるマルハグループ本社がニチロを完全子会社にして両者が経営統合、マルハグループ本社が株式会社マルハニチロホールディングスに商号変更。次いで08年、以下の事業再編を実施した。

マルハにマルハ・ニチロの水産事業を集約し、株式会社マルハニチロ水産に商号変更。ニチロにマルハ・ニチロの食品加工事業を集約し、株式会社マル

ハニチロ食品に商号変更。マルハニチロHDの子会社として、畜産事業を担当する株式会社マルハニチロ畜産と、管理部門を担当する株式会社マルハニチロマネジメントを設立。マルハの低温物流事業を行っていたマルハ物流ネットにニチロの物流部門を集約し、株式会社マルハニチロ物流に商号変更。

さらに14年4月1日、マルハニチロホールディングス、マルハニチロ畜産、マルハニチロ水産、マルハニチロ食品、マルハニチロマネジメント、アクリフーズの6社が合併し、マルハニチロ株式会社が新しく誕生した。

6社統合の目的は、新たにマルハニチロ株式会社という事業持株会社を軸とするシンプルなグループ経営体制に移行し、グループの総合力をこれまで以上に発揮させ、成長を加速させるところにある。

整理すれば、07年に両社が経営統合し、08年の事業再編を経て14年4月1日の合併によりマルハニチロの誕生となった。

グループ内事業は11の領域ごとに、漁業・養殖、水産商事、荷受、畜産商事、戦略販売、海外ユニット、北米、冷凍食品、加工食品、化成、物流の各ユニットにまとめるユニット経営を導入。グループとしての成長戦略をより具体的・戦略的・効果的に実行する体制を整える。

18年には社名ロゴの変更が発表され、旧ロゴのシンボルを継承しつつ「MARUHA NICHIRO」のロゴタイプを変更。ブランドステートメントとして、「海といのちの未来をつくる」も制定された。

19年3月期は連結純利益が170億円（前期比6％増）と、3期連続で過去最高になる見通し。18年は海外事業売上高が13・1％増となったことに加え、主力の商事事業が4・2％増と堅調に推移している。とくに好調なのは高級白身魚のメロ、そしてサバ缶だ、ブームとなっているサバ缶の18年上半期の実績は前年同期比34％増となっている。

また、民間企業として初めてクロマグロの完全養殖に成功したのが10年のことだが、19年度には4600トンと前年から約2割増産する。ブリやカンパチなどの完全養殖の魚種も増やす。世界的に水産物の需要が高まる中、養殖事業の育成を急ぐ。

24 明治 ——ロングヒット商品の開発が持ち味

株式会社明治は明治ホールディングスの完全子会社で、菓子、牛乳、乳製品や一般用医薬品の製造・販売を主軸に事業展開を行っている。

明治グループ理念体系は「グループ理念」「経営姿勢」「行動指針」の3本柱と、「企業行動憲章」から構成されている。

グループ理念は、

「私たちの使命は、『おいしさ・楽しさ』の世界を拡げ、『健康・安心』への期待に応えてゆくこと。

私たちの願いは、『お客さまの気持ち』に寄り添い、日々の『生活充実』に貢献すること。

私たち明治グループは、『食と健康』のプロフェッショナルとして、常に一歩先を行く価値を創り続けます。」というもの。

経営姿勢は「5つの基本」として、

1. 「お客さま起点」の発想と行動に徹する。
2. 「高品質で、安全・安心な商品」を提供する。
3. 「新たな価値創造」に挑戦し続ける。
4. 「組織・個人の活力と能力」を高め、伸ばす。
5. 「透明・健全で、社会から信頼される企業」になる。

2016年に明治グループ創業100周年を迎え、同時に本社を東京都中央区京橋に移転。また、17年には会社創立100周年を迎えた。

株式会社明治は、11年4月、明治グループの食品事業を担う会社として明治製菓株式会社のフード&ヘルスケア事業と明治乳業株式会社が統合して発足した。

それ以前、09年4月には、明治製菓と明治乳業の共同持株会社・明治ホールディングスが設立されているが、その子会社で同じ明治グループの再編で、明治乳業が「明治」に商号変更し、明治製菓が主に医療用医薬品事業に特化した「Meiji Seika　ファルマ株式会社」に商号変更し、旧・明治製菓の手がけていた菓子・飲料・食品・一般用医薬品事業が「明治」に移管される形となっている。事業内容は菓子、乳製品、健康・栄養、海外の4つのユニットから構成されている。

もともと明治製菓の前身である東京菓子株式会社が設立されたのは、１９１６年（大正5年）のこと。翌年には大正製菓株式会社と合併し、キャラメル・ビスケットなどの製造を始めている。

同年には明治乳業の前身、極東煉乳株式会社が設立、21年には練乳「明治メリーミルク」を発売した。23年には育児用粉乳「パトローゲン」誕生。

24年には東京菓子が商号を明治製菓株式会社に変更。26年に「ミルクチョコレート」を発売した。

28年には「明治牛乳」発売、32年に「明治バター」「明治チーズ」を本格生産。40年に極東煉乳が商号を明治乳業株式会社に変更した。

そして戦後の46年にはペニシリンの製造を開始し、薬品事業に参入。50年には抗生物質「ストレプトマイシン明治」を発売した。

歴史をひもとけば、26年に近代的生産設備による「ミルクチョコレート」を発売したことが最初のトピック。「チョコレートは明治」の評価を確立する。61年には「マーブルチョコレート」、続いて「カール」「チェルシー」「きのこの山」「果汁グミ」などを発売。これらは息の長いヒット商品となった。一方、２０００年に乳製品シェアトップとなった乳業も「品質の明治」をモットーに、全国の酪農家とともに乳質の管理を厳しく保ち商品を生産することを伝統としてきた。

明治グループの長期経営指針「明治グループ２０２６ビジョン」では、26年に向かって目指すべき企業グループ像を示すものとして策定されたもの。目指す企業グループ像は「明治グループ１００年で培った強みに、新たな技術や知見を取り入れて、『食と健康』で一歩先を行く価値を創造し、日本、世界で成長し続ける」とされている。

25

森永乳業
――乳で培った技術を活かし、4つの事業領域に取り組む

乳業大手。森永製菓とは兄弟会社の関係にある。

コーポレートスローガンは「かがやく〝笑顔〟のために」。経営理念は「乳で培った技術を活かし私たちならではの商品をお届けすることで　健康で幸せな生活に貢献し豊かな社会をつくる」。行動指針は「私たちの8つの問いかけ」として、森永乳業グループに所属する1人1人が心がけるべき行動上の指針を策定した。

1. お客さまに寄り添い　感動を共有できていますか
2. 感謝の気持ちを持っていますか　伝えていますか
3. 全ての品質に自信が持てますか
4. 本物の安全・安心を追い続けていますか
5. 常に挑戦し続けていますか
6. 「チーム森永」の輪　築いていますか
7. 今　自分も仲間も活き活きしていますか
8. 夢を語り合い　未来へ一歩踏み出していますか

「食」だけではなく、より広く暮らしを見つめ、人の健康、楽しさ、豊かさを創造しようとする願いを込めたスローガンは「おいしいをデザインする」。

その歴史は、1917年（大正6年）、日本煉乳株式会社として設立されたことに始まる。19年には小缶練乳「森永ミルク」を発売。21年には「森永ドライミルク」（育児用粉乳）を発売した。

以後、29年に「森永牛乳」、33年に「森永チーズ」、37年に「森永ヨーグルト」、47年に「森永アイスクリーム」など続々と人気商品を発売する。

そして49年に森永乳業株式会社を設立。2002年には乳業と製菓で有力商品ブランドを相互融通す

る協力体制を整え、グループの総合力を高める方針を打ち出した。

事業は、大きく分けて、「B to C事業」「ウェルネス事業」「B to B事業」「海外事業」の4つに分類される。

基幹となるのは「B to C事業」で、アイスクリーム、ヨーグルト、チーズや牛乳などのカテゴリに分かれており、売上高は3107億円、事業別売上高割合は53%となっている。

「ウェルネス事業」には育児用粉ミルクを中心とする栄養食品、サプリメントなどの通信販売、子会社のクリニコが展開する流動食などが含まれる。

「B to B事業」では、クリームなどのさまざまな乳原料商品や、ビフィズス菌、ラクトフェリン、乳素材などの機能性素材を幅広い業態に提供している。

「海外事業」では、ドイツにあるMilei GmbH（ミライ社）の乳原料製造販売事業や、育児用調製粉乳の輸出事業、米国での無菌充填豆腐の製造販売事業などを行っている。

2029年3月期を見据えた「森永乳業グループ10年ビジョン」には、同グループのありたい姿が定められている。

Vision1　「食のおいしさ・楽しさ」と「健康・栄養」を両立した企業へ

Vision2　世界で独自の存在感を発揮できるグローバル企業へ

Vision3　サステナブルな社会の実現に貢献し続ける企業へ

数値目標としては、営業利益率7%以上、ROE10%以上、海外売上高比率15%以上を掲げる。

この10年ビジョンに基づいた中期経営計画では、22年3月期までの3年間を確固たる事業基盤作りの期間と位置付け、「4本の事業の柱の横断取り組み強化による持続的成長」「経営理念実現に向けたESGを重視した経営の実践」「企業活動の根幹を支える経営基盤の更なる強化」の3つを基本方針に定め、売上高6300億円、営業利益300億円の数値目標にも取り組んでいく。

26

山崎製パン

――年間の新製品は1000アイテム以上

製パン業界で圧倒的なトップシェアを握る。世界でも第2位という規模だ。

経営基本方針は綱領として、以下を掲げる。

「1．わが社は、企業経営を通じて社会の進展と文化の向上に寄与することを使命とし、個人の尊厳と自由平等の原理に基づき、困難に屈することのない勇気と忍耐とによって高い倫理的水準に導かれる事業を永続させること。

2．われわれは、常に良きものへ向って絶えず進歩しつづけるため、各人が自由な決心に基づき、正しき道につき、断固として実行し、自主独立の協力体制を作り、もって使命達成に邁進すること。」

創業は1948年（昭和23年）、創業者・飯島藤十郎氏が千葉県市川市に山崎製パン所を開業、委託加工のコッペパンの製造からスタートした。

現在の事業展開は、パン部門、和菓子部門、洋菓子部門、調理パン・米飯部門、さまざまな事業展開、デイリーヤマザキ事業、海外事業に分類される。

パン部門では、「サンロイヤルブレッド」「ダブルソフト」「新食感宣言」「超芳醇」などの食パン類をはじめ、あんぱん、クリームパンなどの菓子パン類、ペストリー、ドーナツ、ハードロールなど世界のパンを製造している。年間の新製品は1000アイテムを超える。

和菓子部門は創業の翌年である49年から始まっている。伝統の技に新たな技術革新を重ね、和菓子製造の量産ライン化を推し進めてきた。現在、和菓子部門では、だんご、大福などの生菓子類をはじめ、焼き菓子、蒸しパン、中華まん、カステラ、羊羹などを製造している。

洋菓子の歴史も創業2年後の50年と長く、52年にはクリスマスケーキの製造を開始している。現在は、まるごとバナナや苺ショートケーキなどの生ケーキ類をはじめ、スイスロール、シュークリーム、スナックケーキ、ヘビーケーキなどを量産ラインで製造し、自社のチルド物流によって供給している。

調理パン・米飯部門は、製造から物流、販売にいたるまで一定の温度管理によって高品質の製品を提供する独自のクールデリカシステムを開発し、パン部門、和菓子部門、洋菓子部門に次ぐ4本目の柱として大きく成長してきた。03年には、ヤマザキパンのクールデリカ事業をサンデリカに統合、デイリーヤマザキやヤマザキショップなど全国の自社業態店をはじめ、主要コンビニエンスストアチェーンなど幅広い業態へお弁当やおにぎり、サンドイッチなど約100アイテムの製品を供給する。

海外事業にも意欲的で、アジアでは81年に「香港ヤマザキ」を設立し、フレッシュベーカリー第1号店を開店した。現在では香港、タイ、台湾、シンガポール各地にあるセントラル工場で最新技術を使った冷凍生地を生産、これを活用して店舗を展開している。98年にはマレーシアに「サンムーランヤマザキ」を設立。04年には「上海ヤマザキ」を設立。14年からは「ヤマザキインドネシア」がジャカルタを中心にホールセールベーカリー事業を開始。16年には「ベトナムヤマザキ」を設立し、ホーチミンの百貨店内にベーカリー店を開店した。

米国市場においては90年に「ヤマザキカリフォルニア」を設立し、フレッシュベーカリーショップを開店。91年にはヴィ・ド・フランス・ベーカリーヤマザキを設立、冷凍生地や冷凍ケーキ等の製造と卸販売事業を全米規模で展開することに。16年には「ベイクワイズ社」の株式を取得して、ベーグルの製造販売事業とともに、子会社である「トム・キャット社」が展開する高級アルチザン・ブレッド事業に参画した。

ヨーロッパ市場においては、88年にヤマザキフランスを設立し、ケーキの本場パリの高級ブティック通りにカフェ機能を持つ洋菓子店「パティスリー・ヤマザキ」を出店した。

27

ロッテ
——独自の販売ネットワークが強み

ＣＭで「お口の恋人ロッテ」というコピーが印象的なロッテは、１９４８年に重光武雄氏が創業、チューインガムの製造販売を開始したことに始まる。現在も国内のガムのシェアで6割強を占めるトップメーカーだ。

64年にはチョコレートの製造も開始。その後はキャンディー、アイスクリーム、ドリンク、ビスケットなど多彩な展開を続け、「ガーナチョコレート」「コアラのマーチ」「クールミントガム」「雪見だいふく」など息の長い独創的なヒット商品を次々と誕生させている。

コーポレートメッセージは「お口の恋人」。もともとロッテの社名は、ドイツの文豪ゲーテが著した名作「若きウェルテルの悩み」の中に登場するヒロイン「シャルロッテ」に由来するもの。「お口の恋人」というメッセージには、「永遠の恋人」として知られる彼女のように、世界中の人々から愛される会社でありたいという願いが込められているという。

ロッテグループの企業理念は次のとおり。

LOTTE Group Mission

私たちはみなさまから愛され、信頼される、よりよい製品やサービスを提供し、世界中の人々の豊かなくらしに貢献します。

LOTTE Values（大事にすべき価値）

・ユーザーオリエンテッド　User Oriented　消費者の立場になって考えること

「もっとも大切な顧客は消費者」という原点を忘れずに、奉仕の心を持ち人々の豊かな生活に貢献できる製品・サービスを提供していきます。

・オリジナリティ　Originality　独創的なアイデア

を探しつづけること

あらゆる事業領域において、独創的なアイデアを探し続けて、挑戦していきます。常に「チャレンジ精神」を発揮し、情熱をもって取り組む事で、環境や社会に貢献できる新たなビジネスチャンスを発見していきます。

・クオリティ　Quality　すべてにわたって最上の品質を究めること

最高の原料・技術・設備による最高の製品とサービスを提供します。ロッテの考えるクオリティは製品そのものに加え、お客様に「楽しさ」、「おいしさ」、「やすらぎ」を約束します。

1984年には菓子業界で年間売上高トップとなった。その後、96年に発売したシュガーレスチョコレート「ゼロ」、97年に発売したキシリトールガムが大型ヒットとなった。さらに98年には健康食品市場にも参入。2000年発売の「アーモンドチョコ」も定着した。

外食産業にも積極的に参入し、全国500以上の店舗を持つロッテリアのほか、銀座コージーコーナー、クリスピー・クリーム・ドーナツ・ジャパンなどの人気外食チェーンを擁している。

ロッテ中央研究所では菓子のジャンル別に専門の研究室を備え、基礎研究から包装技術に至るまで総合的な研究にあたっている。新製品開発やバイオ技術にも取り組み、虫歯防止の機能性を持った商品開発や革新的な特殊製法も誕生させた。

2007年3月には、株式会社ロッテが持株会社ロッテホールディングスとなり、持株会社に移行。菓子メーカーとしてのロッテは持株会社の傘下となった。さらに18年4月にはロッテホールディングス傘下の製造子会社ロッテと、販売子会社ロッテ商事およびロッテアイスの2社が合併した。

ロッテグループとしては、メリーチョコレートカムパニー、千葉ロッテマリーンズ、ロッテ葛西ゴルフ、ロッテリア、ロッテ皆吉台カントリー倶楽部、ロッテ葛西ゴルフ、ロッテリア、クリスピー・クリーム・ドーナツ・ジャパン、銀座コージーコーナー、ロッテオンラインショップ、ロッテホテル、ロッテシティホテル錦糸町、ロッテ免税店など多彩な事業展開を行っている。

Chapter 5

食品業界の仕事人たち

1 会社の未来を作っていく仕事
――そして次のステージへ

味の素株式会社
人事部 人財開発グループ
児玉悠輔さん

視野が広がった3年間の営業生活

人事部の人財開発グループ、児玉悠輔さんが現在所属している部署だ。児玉さんは部署の中でも採用チームの一員として新卒採用・中途採用・障害者採用の全てを担当している。

児玉さんは2016年、入社3年目の年に社内公募制度に手を挙げ、現職の人事部に配属となった。では、なぜ手を挙げて人事部なのか。入社後初配属の時点から話を始めよう。

「最初の配属先は大阪支社家庭用第1グループでした。卸店やスーパーマーケットやドラッグストア、ディスカウントストアなどの幅広いチャネルに商品を提案する営業組織です。『ほんだし』®や『Cook Do』®以外にも多くの商品ラインナップがあり、扱う商品数は150を越えます」

児玉さんは、中学高校を北海道で過ごした。大学は東京。そして初任地の大阪は縁もゆかりもない土地だった。最初のうちは戸惑いもあった。全てが初体験という半年間を過ごした。自社の製品、競合の情報、生活者の動向を正しく理解し、お得意先に喜んでいただくためには自分に何ができるのかを必死で考えた。

「そこで工夫したことは2つありました。1つは直接お会いする頻度を多く設けること。今は電話やメールで提案することも可能ですが、まずは顔を覚えてもらったり製品を手にとってもらったりすることが大事だと考えました。先方がなるべく手隙の時間を狙って通っていると、最初は3分の立ち話だったのが、半年も経つと商談スペースで1時間以上話を聞いてくださるようになりました。お得意先のことを十分に知り尽くしてから初めて製品の提案をさせていただいたという感じです。

もう1つは相手の話をよく聞くこと。商談というと、どうしても自分たちが売りたい製品を売りがちなのですが、お得意先が何を望んでいるのか、ということを考えながら、相手の話をよく聞くようにしていると、他にはいわない内情が聞ける。であればこういう製品はどうですか、というような形で提案ができる」

最初の1年間は店舗担当。各店舗の主任や店長、卸店のセールス担当者が得意先だった。2年目は本部担当。卸店全社、大きな量販店を統括する本部の仕入れバイヤーが担当者だ。

「1年目と2年目では私の中で大きなギャップがありました。というのも振り返れば1年目は自由にのびのびとやらせてもらっていたのですが、2年目は担当するお得意先の数も3倍以上に増え、足で稼ぐような営業もできなくなりました。しかも当時、目標としていた先輩たちが2年目のタイミングでみんな異動してしまって、2年目でありながらグループ内で1番の予算構成比を任せていただきました。『児玉が予算達成しないとグループも未達で終わる』という形になって、当初はプレッシャーになりました。しかし、今思い返すとプレッシャーを感じる一方でワクワクしていました。2年目の自分に大きな役割期待を与えてもらっていること、ここで期待に応えることができればいち早く成長できること、この2つがモチベーションの源泉でした」

3年目はグループの方針が大きく変わった。近畿の営業エリアを地域で分け、たとえば京阪神とか京都などのエリアごとに販売のマーケティングの要素も取り入れながら、効率的に拡販していくスタイルになったのだ。それはその時期、味の素の「働き方改革」の全社的な取り組みが大きく進展したことと も関連がある。

「足で稼ぐ営業スタイルは、属人的になりがちです。たとえば前任者は月に3回来ていたのに、新任者は月に1回しか来ないから仕事をしていない、みたいなことです。つまり前任者のハードルを対人関係で越えていかなければならない。そうなると年々、どんどん時間が圧迫されていく。そうならないしくみ作りをしながら、戦略的にエリアごとの拡売プランを考え、月次で管理していこうという取り組みです」

3年目の児玉さんは、近畿の北部エリア、北大阪全部と一部兵庫と京都を担当した。3年間で成長したのは、人を巻き込みながら組織の成果を上げるのを意識するようになったことだ。

「1年目は自分の得意先のことだけを考えていたのですが、2年目は予算が大きくなったのでチームや支社のことも考えるようになって、視座が高くなりました。3年目はお得意先だけでなく、その先の生活者のことも考えるようになった。多くの人のことを考えながら仕事ができるようになりました。視野を広げながら多くの人と結びついていくことが営業という仕事の最大の魅力だと思いますし、そこに社会人としての基礎が詰まっていると思います」

人財採用への熱い思い 海外事業で活躍する未来図

もともと児玉さんは就職活動の過程で、味の素のマーケティング、商品企画や販売管理に携わる社員に憧れて入社を決めた。初期配属からマーケティング部門での活躍を夢見たが、採用面接や社員交流会の場を通じて、全社のマーケティングを担当する社員のスキル・経験・リーダーシップに圧倒された。どうすれば最短で先輩たちを追い越せるかを考えたところ、ますは営業でしっかり成果を残さないと絶対に無理だと思い、家庭用営業を希望したのだ。

「まずは営業で成果をしっかり残して、自分に実力と自信をつけたうえで、当初の夢にトライしたいという思いがすごく強かったので、入社して営業に配属が決まった時は、夢への第一歩だということですごく前向きに受け取ったことを覚えています」

　しかし、営業の次はマーケティング部門ではなかった。児玉さんは人事部門の社内公募に手を挙げたのである。一般には最初の配属先で5年間過ごしたのち、次の部署に異動するのが一般的だ。3年目で人事部に異動するというのはやや異例ではある。ではなぜ人事部なのか。

「将来、海外で活躍したいという思いが年々強くなってきました。マーケティング部門の海外事業ですね。そこで何が必要なのかと考えた時に、営業とマーケティング、それから事業支援のコーポレート部門での専門性、たとえば人的資源管理のスキルなどを身につけることが、海外で活躍できる人財の要件だと考えました。上司や先輩たちに話を伺う中で、コーポレート部門に行ける機会はそうそう多くないと知りました。そんな中、たまたま3年目の公募に人事部の案件が上がっていたので、このチャンスは逃せないと思ったのです」

　採用の仕事は、いわば会社の未来を作っていく仕事ともいえる。説明会などを含めると、年間1万人ほどの学生と接点を持つ。彼らひとりひとりの人生を左右するかもしれないと思えば、エントリーシート1枚1枚、面接の一瞬もおろそかにできない。

「でも、人財を見極めるというよりは、今、味の素が向かって行こうとしている方向性に共感できるのか否かというところが非常に重要で、そこに動機付けをして、味の素で頑張っていきたいという方を1人でも多く増やしていくということが採用担当のミッションであり、私の責任だと思っています」

　いくら優秀な人財でも、会社のビジョンや人財育成の考え方にマッチしなければ、採用には結びつかないということだ。

「たとえば弊社の事業部、マーケティング部門はきわめて大きな裁量権を持っています。たとえば研究開発部門に技術開発の要望を行ったり、テレビＣＭのコンセプトを決めてタレントを選定したり、営業担当に商品の特徴や効果的な販売方法を伝えたり。食卓での製品の食べ方の提案をするなど、全社のバリューチェーンを多角的に捉え、多くの人を巻き込みながら決断をしていかなければなりません。なので、いきなり新人が手がけられる仕事ではないです。まずは初期配属の地で社会人としての基礎をしっかりと学び、一定の専門性を身につけた後に事業全体を担当するというキャリアが多いのはそれが理由です。今、味の素は、グローバルの食品企業としてトップ10入りすることを目標として掲げています。日本の技術の高さ、安全性を広く世界に広げていく。そこに共感してくれる方々に入ってきてほしい。

私一個人としては、やはり味の素はメーカーだという思いが強いです。その中で食品とアミノサイエンスという両事業が二枚看板。その事業のプロモーターになっていただけるような人を採用していきたいと思っています。事業全体を捉える視点を持ちながら、現状に満足せず、日々努力を続けられる人に魅力を感じます。そんな方々にお会いしたいですね。

私自身、就職活動の時に会った味の素社員がみんな魅力的でした。自分のやっている仕事について、その仕事が社会にどんないい影響を与えているかについて、とても楽しそうに話しをするのですよ」

そんな話に思わず引き込まれて、そこで着いた火の熱がずっと胸の中にある。そんな思いを持ちつつも、まずは現在人事部で与えられた「採用」というミッションに対し、応募者の視点を忘れずに真摯に向き合うことを心がけている。「味の素は創業から100年以上にわたり、生活者の役に立つ製品・サービスを届け続けているリーディングカンパニーだと自負しています。それを今後も続けていくのはもちろんのこと、今後は人事部門においても産業界をリードできるような制度・施策を立案することで社会に貢献したいです。そこまでできれば私自身が人事部門における一定の専門性を身につけられたことになるので、次のステップを考えたいです」

児玉さんは力強く語る。その視線の先には世界のマーケットが広がっている。

2

「青じそ感」をチューブでどう表現するか――大ヒット商品はこうして生まれた

エスビー食品株式会社
マーケティング企画室 商品企画ユニットチーフ
大町政幸さん

生鮮売り場にインサイトを発見する

チューブ入り香辛調味料「きざみ青じそ」が絶好調だ。２０１８年3月に発売されて以来、売れに売れて、今やチューブ入り香辛調味料でもっとも売れ筋の商品と肩を並べるほど。その売り上げは、実に想定の10倍という。

この「きざみ青じそ」の商品企画を担当したのが大町政幸さんだ。17年４月、商品企画ユニットに配属となり、初めて手がけた商品だった。

「私が着任した時に、前任者が開発した『きざみパクチー』が発売されました。当時、パクチーがブームだったんですが、なかなか家では手軽に食べられない。そこで、チューブで味わえたらどうだろうかということで企画された商品です」

その「きざみパクチー」が売れ行きを伸ばす中で、大町さんはこれから手がける新商品の企画に考えをめぐらせた。

「今、しょうがやにんにくのチューブ入りが非常に伸びています。生鮮のしょうがやにんにくをすりおろすと手間がかかるし、手に匂いもつく。また、夫婦共働きで調理の時間がとれないこともあり、簡便性の高いチューブ入り香辛調味料に移行してきていると考えられます」

スーパーの売り場を眺めながら考える。そういった視点から見れば、まだまだお客様自身も気づいていない本音が、商品化されていないものがあるんじゃないか。マーケティングでいうところの「インサイト」だ。

「いろいろ調べていくうちに、にんにくの生鮮の市場が150億円くらいあり、しその市場規模とほぼ同じだということがわかりました。さらに調査を進めると、しそは価格が安いんですが、刻むのが面倒とか日持ちがしない、余らせてしまう、といったお客様の不満がありました。生鮮からの移行になると、求められるのは生鮮に近い香りや色味です。そこで〝きざんだ感〟を表現するために、パクチーの『きざみ』を受け継ぎ、『きざみ青じそ』を商品化しました」

もともと「きざみパクチー」は、シリーズ化を想定したものではなかった。なおかつ、これまで単体のチューブ入り香辛調味料として「青じそ」は存在しない。開発の道は険しかった。

「難しいのは、きざみ感にこだわりすぎるとパサパサになってしまい、反対にスムーズな絞りやすさを追求するとねっとりした感じになってしまう点でした。味わいも、青じそ感を強くしていくと、苦みが強くなる。反対に少なくすると、なぜか小梅っぽい味になってしまう」

きざみ感、味、色味などさまざまな観点から開発部門とキャッチボールを重ね、膨大な数の試作品を検討した。妥協は一切なし。同時進行でパッケージデザインも進められる。大町さんの提示したコンセプトを、デザインのプロたちが見える形にしていく。当初の〝和のイメージ〟が〝鮮度感〟重視のデザインに変わっていった。

「青じそ感をチューブでどう表現するか、その点にもっとも苦労しました。実は最初は社内的に、あまり売れないんじゃないかという声もありました。生鮮の青じそは10枚100円ぐらいの値段で市場に出回っている、それをチューブにしたからといってそんなに売れるのか、ということですね」

しかし、値段の問題ではない。手軽に使うことができれば用途もどんどん広がる。先行商品がないからこそ、身近なものであるからこそ、インサイトなのだ。

18年3月に「きざみ青じそ」発売。初動から大きく数字が動いた。大町さんは既存商品のリフレッシュも並行して進めながら、次の新商品開発に取り組む。同年9月には「きざみゆず」、そして19年3月には「きざみねぎ塩」を市場に送り出した。

「『ゆず』は秋冬のイメージが強く、生鮮でも売っていますが旬が限られていて、皮を刻むのが面倒。そういう意味では『青じそ』とコンセプトが近い。『きざみ』シリーズの3番手として受け入れられるだろうという自信はありましたが、やはり味づくりについては前例がないので、原料の調達から、皮をどうするか、味はどうかという苦労は同じようにありました。一方、『ねぎ塩』は生鮮というよりは味感のある商品で、きざむ手間プラス味付けもカバーするというところで、同じシリーズではありますが、また少し異なるコンセプトの商品となっています」

今、「きざみ」シリーズは量販店の棚の中で、圧倒的な存在感を放っている。どうして消費者に受け入れられたか――それは味わってみればすぐに納得できるはずだ。

入社以来、ひたすら営業畑を歩んできた

大町さんは2000年に入社して以来、営業畑一筋でキャリアを重ねてきた。

「初任地は福岡でした。出身の関西を離れるのもその時が初めてで、1人暮らしも初体験でした。最初の1年は、スーパーの各店舗を回って、店舗の担当者とコミュニケーションを図りながら商品情報を伝えたり、商品を陳列したり。なかなか商品のポイントを伝えきれない中で試行錯誤を続けていました」

新人でも営業が担当するのは全アイテムだ。エスビー食品が展開するのは実に3000品目に及ぶ。

「2年目からは量販店の本部も担当するようになりました。そうなると、各店舗の数字だけではなくて、チェーン全体の数字を管理するようになります。各店舗を回っているといろいろなことがわかってきて、それを本部のバイヤーに伝えることで、単に買ってください、売ってくださいというのではなく、いろいろな提案ができるようになりました」

福岡には4年半。次の赴任地は大阪だった。量販店本部担当。しかし土地が変われば営業活動も変わってくる。異なる風土・文化を持つ企業を担当するので、一から関係を構築していかなければならないし、エリアによって味の嗜好性も異なる。そこに合わせた新たな提案が必要になってくるわけだ。

大阪で3年半過ごしたのち、次は東北、仙台へ。宮城、福島、山形の量販店を中心に担当することになる。

「これがまた全然違いました。最初の頃、ゆずの商品の提案をしたら、バイヤーに東北では柑橘系は売れない、酸っぱいものはダメだといわれて驚きました。今はそうでもないのかもしれませんが、当時はそういった嗜好の違いが強かったですね。

赴任前に、仙台で営業経験のある先輩に『東北へ行ったらお前、3回泣くぞ』といわれたんです。3回って何ですかとたずねたら、まず、寒さに泣く。それから人の素っ気なさに泣く。最後の1つは教えないという。気になっていながら、いつか忘れていたんですが」

東北の6年間の半ばには東日本大震災も体験した。そして転勤で東北の地を離れるその時。

「すごく温かい送別会をしてくれたんです。その時に先輩がいっていたことがわかりました。最後はやさしさに泣く、ということだったんですね」

その後は東京で全国のナショナルチェーンを1年間担当した。次いで大阪で量販店を2年。そして、その次に出た辞令が商品企画ユニットへの異動だった。このまま営業の仕事を続けていくだろうと考えていた。商品企画への希望を出したわけでもない。

「何かの間違いかと思いましたよ（笑）」

ものづくりに憧れて食品メーカーへ

営業職と商品企画では、マーケットを見る目に違いはあるのだろうか。

「営業の時はお客様に近い立場で仕事をしていましたが、それは商品企画が作った商品をどうやったらお客様に届けられるかというところが視点になるんですね。だから、こういった商品があったらいいなというようなアイディアは浮かぶんですけど、それが実際にお客様の潜在的なニーズにつながっているかということは深く考えていませんでした。商品企画の立場になると、思いつきだけではなくて、それをお客様が本当に求めているのか、その根っこを探っていくと違うところが求められていると感じます。その深さが違いますね」

もともとものづくりに惹かれて就職活動を行った大町さんは、まずメーカーで仕事をしたいと考えた。中でも食品はいちばん身近だった。当時は就職氷河期と呼ばれた時代。圧迫面接などもはびこり、就活生には厳しい状況だったが、エスビー食品に関しては、学生の話を親身に聞いてフランクに会社や仕事のことを話してくれた、という。そのアットホームな社風は入社しても変わらない。

「失敗もいろいろあって、全てがうまくいくことはありません。落ち込んだ時に上司や先輩によくいわれたのが、野球の一流打者でも3割打てればいいほうで、一流のプロでも10回のうち7回は失敗するんだから、おまえが7回失敗しても大したことないという言葉でした。やらない失敗より、前向きにやった失敗のほうがいいんだと。だから、バットはいっぱい振ったほうがいいんじゃないかと思いますね。そういう気持ちを持ってこれからも仕事をしようと思っています」

「きざみ」シリーズは大町さんにとってわが子のような存在だ。さまざま部門の人々と協力して、苦労を重ねて、世に送り出すことができた。営業から「売れた」、お客様から「おいしい」、そんな声を聞く時、しみじみと喜びを噛み締める。

3

新しいコトビジネスの可能性を探る
——健康増進をサポートする健康サービス事業

カゴメ株式会社
東京本社 健康事業部
山口彩夏さん

営業、セミナーの講師、運営、広報……さまざまな業務をこなす毎日

健康事業部は、カゴメの健康サービス事業を担うセクションだ。２０１８年10月に誕生した。その前身であるマーケティング本部事業企画部が発足したのは17年1月で、山口彩夏さんが配属になったのは同年10月のことだった。

「健康サービス事業はカゴメの新規事業で、健康セミナーなどを企画運営するコトビジネスです。つまり、商品というモノを売るのではなく、野菜や健康に関係するコトを売るということですね。ターゲットは健康経営を推進している企業や住民の健康増進を目指す自治体など。基本的にＢ to Ｂ to Ｃのビジネスです。今はそんなコトビジネスの可能性を探りながら、さまざまなところにアタックしているところです」

健康事業部のメンバーは現在10名。女性の執行役員をトップに、研究、営業、管理栄養士、それぞれの分野の第一線で活躍していた人材が集まった。その中で山口さんはいちばんの若手である。

「健康事業部自体がカゴメの中のベンチャーで、１つの会社みたいな形と考えています。そのためさまざまな業務をみんなが兼務しています。たとえば商品開発をしながら研究したり、マーケティングしながら営業したり。私は主に広報と自治体向けの営業、そして営業活動をサポートする業務を担当しています。それから、自分自身がセミナーの講師を行うこともあります」

セミナー講師は国家資格である管理栄養士、全国

に49名（19年11月時点）いるカゴメ「野菜と生活管理栄養士ラボ®」のプロジェクトメンバーが担う。これがカゴメの健康サービス事業の大きな特徴である。山口さん自身も管理栄養士の有資格者だ。

「セミナーは、野菜の重要性とメリット、メソッドを伝えるようなセミナーを参加型で組み立てています。たとえば、野菜は1日に350g摂りましょうと「健康日本21」に記されていますが、ではなぜ350gなのか、それを摂らないと何が起こるのか、どうすれば摂ることができるのか、分かりやすく伝えています。また、野菜の栄養や食べ方などを楽しく紹介し、食生活を改善して意識と行動を変えていくことが目的です。ほかに講演や新入社員研修なども行います。さらにイベントとして野菜飲料を16種類ずらりと並べて飲み比べ大会なども開催します」

厚生労働省の平成29年国民健康・栄養調査によると、日本人が1日に摂っている野菜の量は平均288gだそうだ。つまり、摂るべき野菜の量から62g足りない。

「セミナーで話しているのは、片手を出して、そこに生野菜をこんもり載せると、それがだいたい60g。これを1ベジハンド®と呼んでいます。それを6杯召し上がっていただくと、約360g（1日の野菜摂取の目標量以上）の野菜が摂れる。火を通したり、加工品を活用すると、よりうまく摂れる。そんなふうに毎日の生活に寄り添ったお話をしています。

それから、野菜を摂ろうというと、どうしても自炊をしなければとか、しっかり3食自宅で食べようとか、お弁当を作っていかなきゃとか思う方が結構多いんですが、現実的に皆さんお忙しい中で、なかなか難しい。そこで、誰でも簡単にできる方法で、皆さんがこれならできるかもと思ってもらえるような伝え方ができるように、講師はいつも気をつけています」

受講者の感想には「楽しかった」「これならできそう」といった声が多いという。

「管理栄養士がレクチャーする健康セミナーというと、真面目で堅いイメージを持つ方もいらっしゃるかもしれませんが、思わず笑ってしまうところも多いですし、楽しいセミナーになっています」

経済産業省は17年度、「健康経営優良法人」という認定制度を立ち上げた。これは、地域の健康課題に即した取り組みや日本健康会議が進める健康増進の取り組みをもとに、特に優良な健康経営を実践している法人を顕彰する制度。いわば健康経営優良企業のお墨付きである。今、企業が社員の健康をサポートする動きが盛んだが、その背景にはこうした国の施策がある。

山口さんが担当している自治体向けのセミナーの一例としては、福島県での実績がある。福島県が推進する健康長寿ふくしま推進事業の一環である「市町村先駆的健康づくり実施支援事業」として採択されたのだ。

「セミナーに加えて、朝ベジ運動®4週間チャレンジというイベントも行っています。これは1日に350gの野菜を摂れていない人の多くは、朝の野菜摂取量が少ないことから、忙しい朝でも野菜の加工食品などを活用して朝に野菜を摂る習慣をつけようというものです」

野菜摂取の充足度と摂取量の推定値を表示できるセンサー「ベジチェック™」もドイツのBiozoom services社（非侵襲測定に用いる光学機器の開発・提供を行っている企業）と共同で開発。今後はこれもさらに活用していくことになっている。

「今は、健康経営を推進している企業や住民の健康増進を目指す自治体のサポートをしていますが、さらなる事業の芽がどこにあるんだろうと多方面に探っているところです」

「商品を売る」から「野菜を摂る意識を売る」へ

山口さんの初任地は石川県の金沢市にある北陸営業所だった。そこで食育活動、メニュー提案をするフードプランナーの業務を担当。

「スーパーの店頭等で、商品を使ったメニューを紹介する料理教室やセミナーなどを行っていました。メニューはたとえばオムライス、ナポリタン。トマトソースに魚と野菜を入れて蓋をして10分くらいたつとおいしい蒸し煮ができあがるトマトパッツァというメニューもありました。アクアパッツァのトマト版ですね」

スーパーの店頭でのメニュー紹介。その先にはカゴメの商品があった。つまり商品購買に結びつけるためのレシピ提案だったわけだ。最終目的には商品というモノが見えていた。

しかし、それから1年半後、配属になったマーケティング本部事業企画部から現在の健康事業部では、最終目的が大きく変わった。商品を売るのではなく、セミナー自体が商品なのだ。言い換えれば「野菜を摂る意識を売る」ということになる。

だが、もともと山口さんが持っていた「こんな仕事をしたい」という思いからはブレがない。

「就職活動をしていた時から、管理栄養士の資格を生かした仕事をしたいと思っていました。学生時代に管理栄養士になりたいと思って勉強をしているときに思ったのはこんなことです。たとえば納豆が健康にいいとTVでいっていたら途端に売り切れたとか、友人がアボカドが健康にいいと聞いたから毎日1個食べているとか、そんな話を聞く一方で、正しい情報は専門書などに堅く書かれていてなかなか浸透しない。正しくてわかりやすい情報はどうすればもっと広がるのだろうと。そこで食品メーカーで、しかも野菜を売っているカゴメだったら、そういうことが伝えられるじゃないかなと思って、第一志望で応募したんです。そして入社後もそんなことを考えながら仕事をやり続けていたら、2年目からこういう事業に携われることになりました」

山口さんが管理栄養士という仕事を意識したのは

小学生の頃だ。

「栄養教諭の管理栄養士さんと親しくなって、簡単な栄養学みたいな話を聞いているうちに、私も管理栄養士になりたいと憧れるようになったんです。それで資格が取得できる大学に進学しました」

今、この健康サービス事業に携わっていて喜びを感じるのは、まず、講師として受講者に伝えられている手応えを実感できる時だ。最初は「健康なんて」というような表情の受講者が、終了時に「楽しかった」と声をかけてくる、その変化は山口さんにとっても大きな喜びだ。

「もう1つは、この事業がだんだん大きく広がってきたということですね。そのことこそ、私がずっとやりたいと思っていた正しい情報を広く伝えるということなので。広報業務でリリースを出して、問い合わせが増えて、結果としてこの健康サービス事業が広まっていく。受講者が1万2000人を超えて、こんなに大きくなったんだなと思うと、かなりのやりがいを感じます」

一方で、難しいことも少なくない。

「新規事業では、社内にも正解を知っている人がいないわけですから、誰に訊いたらいいのかもわからない。そんな状況でいろいろな人を巻き込んで、事業を大きくしていくことが難しいですね」

いろいろな人と関わる仕事をしている中で、自分に足りない部分も見えてきた。これからは、先行事例を参考にするのではなく、ゼロから1を考えられるようになりたい、と山口さんはいう。それは新規事業に必要な力でもあり、新規事業だからこそ、その可能性を最大限に追求できる。

「世の中には、健康の話というだけで、耳をふさぐ方が結構いらっしゃる。でも、そういう人こそ健康に気を遣ってほしい人なんです。健康に無関心な人にも少し切り口を変えれば、健康をもっと身近な言葉にできるということがわかってきました。だから、この健康事業、コトビジネスが大きく花開いたら、次は違う部門で違う切り口から、健康がもっと人々に身近になるように働きかけたいと思います」

「健康の仕事」を作る――新しい事業はこんな熱意に支えられて広がっていく。

4

キリングループを横断するブランド
──iMUSEを展開して「健康」に取り組む

キリンホールディングス株式会社
ヘルスサイエンス事業部
若井晋平さん

ヘルスサイエンス事業部の前身、事業創造部の公募に手を挙げて参加した1人が若井晋平さんだ。

「その中で私は、グループ各社の連携や、サプリメントなどヘルスサイエンス事業部独自の事業、海外展開など、iMUSEというブランドを通じて健康を届けていくビジネスをさまざまな形で手がけています」

ヘルスサイエンス事業部は20名弱ほどのメンバーから構成されている。経営企画、営業、マーケティング、生産、研究開発などさまざまなバックグラウンドを持ったメンバーで集まっている。とくに、ヘルスサイエンス事業部の前身である、事業創造部時代からいるメンバーは個性的なメンバーが多い。

「16年4月に発足した事業創造部は、健康の領域で新規事業を立ち上げるための部署でした。15年頃か

ヘルスサイエンス事業部と画期的なプラズマ乳酸菌

iMUSE（イミューズ）というブランドがある。「プラズマ乳酸菌」を使ったヨーグルトや飲料、サプリメントなどの商品群を、キリンビバレッジ、小岩井乳業、協和発酵バイオ、キリンホールディングスのキリングループ4社で横断的に展開するグループ横断型のブランドだ。同じブランドでグループ各社、ここまで広く展開する例はいまだかつてない。さらにはカルビー、カンロなど外部企業とも提携して、キリングループ外の商品にもiMUSEブランドが広がっている。

このiMUSEを担うセクションが2019年4月に発足したヘルスサイエンス事業部である。この

ら、キリンは今後、健康の領域に進んでいくという方向性が決まっていたんです。健康という領域であれば、何をやってもいい。われわれが持っている素材を使ってもいいし、われわれが持っている流通を使って何かをやってもいい。商品を作ってもいいし、サービスを作ってもいい。まったく無関係なところでやってもいい」

事業開発を始めて1年が経ち、最終的に行き着いた先が、キリンの有する独自技術「プラズマ乳酸菌」だった。

「私たちキリンの本当の強みって何だろう、世界で戦えるものは何だろうかということを考えた時に、それはやはり研究だろうということになりました。そこで注目したのがプラズマ乳酸菌です。世界中探してもこれに勝てる乳酸菌は存在しない。まずはこから、ひとつ事業にしようということをみんなで決めたのです」

キリンはR&Dにも力を入れており、ビールの研究だけでなく、食品の基礎研究も行っている。その中で、人間の体調管理に関係する研究から発見したのがプラズマ乳酸菌だった。キリンの中でもさまざまな乳酸菌に関する研究は行ってきたが、プラズマ乳酸菌は作用するメカニズムがまったく違う画期的なものだった。

しかし、いくら画期的な素材といっても、それだけでビジネスの成功が約束されるわけではない。たとえば、プラズマ乳酸菌の研究成果は学会などで発表できても、ひとたび商品の広告となれば、効果効能表現は法律で大きな制限を受けるといったこともある。

「私たちはこれまでも高品質のものを作ることは得意としていたのですが、それをお客様に届けることに関してはもっとできるはずだという課題もありました。そういう意味で、『プラズマ乳酸菌』を事業化することは難しい反面、チャンスでもありました。まずは具体的に、外に見えていく顔を1つに統一して練り上げていくところに力を入れました」

そして今、若井さんが注力しているのは、新しい販売チャネルの開発と海外展開だ。

「iMUSEを立ち上げた時、スーパーマーケット、

コンビニなどの量販店や協和発酵バイオの販売チャネルがありました。それに加えて私が新たに医療機関のチャネルを開発。今はそれがひととおり終わったので、さらに新しいチャネルを作ったり、ドラッグストアやコンビニに置ける商品とチャネルの両方の開発をしたり、そんなことをやっています。

海外は、健康に関する社会課題が多い国を狙っています。9月にはベトナムでローンチしました」

状況は刻一刻と変化している。キリングループ全体としてもより一層、健康への取り組みを強く打ち出す。キリンのCSV（Creating Shared Value）では、「酒類メーカーとしての責任」を果たすことを前提として、大きくは「健康」「地域社会」「環境」という3つの社会課題に率先して取り組むことを謳っている。

「今もこれからもビールは中核の事業であるのですが、われわれがこの先もお客様に必要なものを届けていくために、医と食をつなぐ事業を作るという方針を掲げています。具体的にどう社会に展開していくのか。それをわれわれが率先して取り組んでいきたいと考えています」

営業新規開拓日本一 そして次の新しいこと

若井さんの最初の配属先はキリンホールディングスの法務部だった。担当は、国内契約・商標権に関する業務。新入社員の多くは営業に配属になる中で、内勤職である。

「確率的には少ないほうに行ったなとは思いました

が、それについてネガティブなところもありませんでした。実際、非常に勉強になっていて、法務時代の経験は今も活きています。たとえば、法務の業務では、日本の商慣習を考えたうえで、なぜこの法律があるのかというところから全て物事を考えなければならないので、理由を考えながら判断していく癖がつきました。何にでも応用できる物事の考え方のベース、自分の考え方の基準ができましたね」

法務には4年半。これは法務としては短い。次に用意されたステージはキリンビールの営業だった。神奈川県の海老名、厚木を中心としたエリア。業務用営業で居酒屋などの飲食店を担当した。

「最初は異動になった驚きのほうが大きかったです。同期はすでに営業で4年間やっているわけですから、ずいぶん先を行っているし。ただ、性格上、頑張らなきゃという気持ちはありました。やるからにはちゃんとやろうと。結果を出そうと」

最初の1年は、毎日起こる1つ1つのことが全て壁だった。市場のことも営業の方法も全然わからない。しかし2年目は違った。

「営業のコツがつかめてきたし、種まきもひととおり終わっていたので準備はできていたという感じです。あとはやるだけ。競合他社とバトルになることはあるけれど、それほど気になりませんでした。自分が担当しているエリアで最大の結果を上げるためにはどうすればいいかということだけを考えていましたので」

ビールの営業は熾烈だとよくいわれている。そんな中で若井さんはエリア担当の中で飲食店の開拓件数全国1位という圧倒的な成績を上げたのだ。営業2年目の「新人」はどうやってそんな成果を叩き出したのか。

「限られた時間でほかの人よりも多くお客様に価値を届けられれば、それが結果につながるんです。お客様に会って、1回1回確実に満足させる。それだけのことしかやっていないんですよ。

もちろんそれを効率よくやるという意味で、自分1人ではできないので、社内にいる契約社員の方にもお願いして、自分と同じように活動してもらって、最終的に自分の担当しているエリアの成果が上がる、ということが秘訣だと思います。さらにはそのエリアにいるお客様も私の代わりに他のお客様に働きかけてくれる。そういう状況を作れれば、1人で頑張ってできる限界を超えられる。とにかく、根底にあったのは、お客様がいちばん喜ぶことをしようという考えです」

営業で2年半。満足感もあった。「やり切った」という思いの中で、次は何だ？　という思いがわき上がってきた。

「まだ見えているものはありませんでした。ただ、法務と営業の経験を活かす何かをしたいと思ったことが1つ。それからやっていないことにチャレンジしたいと。そんなことができるところを探していたら、たまたま事業創造部の公募が出ていたんです」

ヘルスサイエンス事業部の仕事で個人的にいちばんうれしかったことは、キリンホールディングスとしてｉＭＵＳＥの事業を作ったことだと若井さんはいう。それは医療機関向けのプラズマ乳酸菌商品「iMUSE professional」だ。

「商品開発から販売まで全部やって、かつ初年度目標４００％売り上げを達成しました。自分たちが本気でやった分、自分たちが予想していた以上に、まわりが協力してくださった。ものすごい達成感でした」

若井さんが就職活動をした時期はリーマンショックの時代だった。厳しい状況の中、若井さんが考えたのは、入社後も自分の選択肢が減らない会社に行きたいということだった。そんな若井さんが今、見据える未来、やりたいことは、組織を動かす経営と、まだ誰もやったことのない事業の2つだ。

趣味は仕事です、といい切る若井さんだが、年に6回ほどは海外へ出かける。仕事とプライベートで訪問国はこれまでに20数カ国。目の前で起こることが強烈な刺激になるから、観光ではまず行かないディープな場所に足を踏み入れる。文化や食、匂い、価値観の違いに揺さぶられる。

未知の新しい何か、が若井さんを強く惹きつけるのだ。

5

中国の乳製品工場で生産技術支援
――明治のものづくりの基幹部分を支える仕事

株式会社明治
海外事業本部 海外乳製品事業部 開発G
渡邊泰一 さん

アイスクリーム工場の立ち上げで順調に進まない設備導入

渡邊泰一さんが海外乳製品事業部に異動となったのは2013年、技術系採用として入社して6年目のことだった。

「中国やタイなど海外の乳製品事業会社における工場の立ち上げや新設備の導入を通じて、安全・安心な商品の安定生産及び当社の最先端の技術を生かした商品の開発を海外で実現する仕事です」

すなわち明治のものづくりの基幹部分を支える仕事を海外で展開するということだ。異動して最初の仕事は、中国・広州。アイスクリーム工場立ち上げのチームに参加する。

「初めて現地に行った時は、工場はまだ建設中で、鉄骨が組み上がった状態でした。市内から車で1時間ほどの立地です。広州の第一印象は、予想外に都会だったことに驚きました。まるで新宿や渋谷みたいなイメージです」

アイスクリーム工場の生産設備は、簡単にいうと次のような工程に分けられる。まず、原料を混ぜ合わせて殺菌する調合殺菌の工程、それをフリージングして型や容器に充填する工程、そして充填したアイスを包装する工程。渡邊さんの担当は調合殺菌の設備導入だった。

「順調に進んだとはいえないですね(笑)。設備を製造するのは中国のメーカーで、打ち合わせの相手は中国人。大規模な設備になるので、たとえば配管・バルブ・ポンプをどう並べるかという担当者がいて、それをどう動かすかというプログラムの担当者がいて、プロジェクトのリーダーがいる。数人対数人で連日打ち合わせを重ねていました。打ち合わせは英語でやりとりをしていたんですけど、わかるけど、なんかわからないというような状態（笑）。そのうち、夜寝る時も英語がわんわん聞こえてくるようになりました」

うまく意思疎通ができないところは絵を描いたり、お互い理解できる漢字を使ったり。しかし、本当に難しかったのはコミュニケーションの手段ではなく、スケジュールに対する基本的な考え方の違いだった。

「15年1月からの生産開始が決定事項だったので、それに向けてスケジュールを詰めていかなければなりません。現場にはさまざまな会社の方が入ってきて作業も複雑に絡み合ってくるので、細かな段取りに従う必要がある。ところが、中国のメーカーの方は、最後に帳尻が合えばいいんでしょうというようなやり方で、過程はあまり気にしない。進捗を確認しても進んでいなかったり……。こちらとしては、要所要所にあるマイルストーンに向けて、具体的にどういうことをやっていくべきかを詰めたいわけですが、そんなのいらないよ、いついつまでにできればいいんでしょうという。日本では当たり前と思っていたことが違う。じゃあ、どうすればいいのかということを考えるのに時間がかかりました」

でも、考え方の違いはあっても、いいものを作りたいという目的は変わらない。それが確認できるまで話し合えば、お互いのこともだんだんわかり合えてくる。

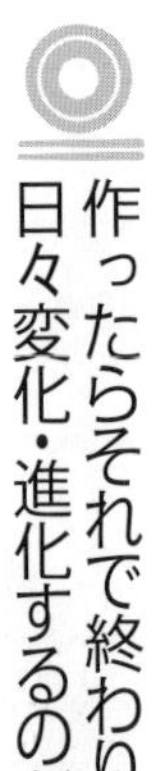

作ったらそれで終わりではない 日々変化・進化するのがおもしろい

15年1月、広州のアイスクリーム工場が無事生産開始となった。異動からそれまでの2年間は出張を繰り返した。長い時は1カ月くらいホテル住まいが続くこともあった。通算すれば1年の3分の1ほど海外出張する生活は今も続いている。

「工場立ち上げのあとは、アイスクリームの新商品開発にも携わっています。昨年は、プレミアムアイスクリームを現地と一緒に開発し、その生産を実現するための新設備を導入しました」

広州では、現地の開発組織によって商品企画、消費者の嗜好に合わせた味づくりが行われる。今、激変する中国のアイスクリーム市場はどんどん拡大している。高付加価値で少し高めの商品への需要が増え、そこへ明治のプレミアムアイスクリームが刺さるのだ。

「自分たちの作ったアイスクリームが現地のスーパー、コンビニの店頭に並んでいて、それをお客様が買っていかれるのを見た時は、やっぱりうれしいですね」

生産開始後もラインの改造や設備の増設など、工場はどんどん変化していく。

「それが工場、生産技術のおもしろいところです。作ったらそれで終わりではない。ラボレベルでできていたものが工場で生産するとうまくいかない、ということはよくある話ですが、そこを機械や商品の中身、また生産に携わる人の作業方法などを調整することで対応していきます」

現地でのノウハウの蓄積、そして日本の研究所で長年培われた技術の蓄積をミックスしながら、トラブルなくより優れた品質のものづくりができるように、生産の現場は日々、進化し続けるのである。

一方で、生産技術支援の仕事では「人」が大きなファクターとなる。渡邊さんはこんなふうにいう。

「私がいちばんやりがいを感じるのは、生産現場の人と一緒に仕事をしていて、その人の成長に関われるところです。たとえば工場の中には班長がいて、その下に班員がいるという組織なんですが、新しく入ってきた若い班員と一緒にああでもないこうでもないと議論しながら新しいライン立ち上げやトラブル解決や改善などに取り組む。そのなかで、私もそうですが、班員さんもレベルアップしていく」

それは日本でも中国でも同じだ。

「最初は未経験者も混じっていて、チームにもなっていないような状況なんですが、いろいろな経験を積みながら、ちゃんとものづくりができる工場に成長していくんです。設備も、それを動かす人も」

設備はもちろん重要だが、それを動かすのは人であり、生産技術支援はその人とも深く関わっていく仕事なのだ。そもそも渡邊さんが海外に活躍の場を求めたのも、人との出会いがきっかけとなっている。

「私がまだ日本の牛乳・乳飲料の工場で製造主任を務めていた頃、中国の蘇州にある牛乳工場から研修の方々が日本にやってきたんですね。その時に私が講師を務めたんです。その方々は日本語も堪能で、いろんなやりとりができたのですが、彼らの非常に意欲的なところ、貪欲なまでに勉強したい、成長したいという気持ちに衝撃を受けました。実は、その直後に中国語の勉強を始めたんです。まだ中国で仕事ができるとは全然決まっていなかったのですが」

それから渡邊さんは会社主催のグローバル研修に応募。海外の生産現場で働いている人々を目の当りにして、さらに興味・関心が高まった。そして海外事業に手を挙げる。それまではとくに海外志向が強かったわけではない。しかし、仕事を通じて、人と出会って、海外への扉が目の前に忽然と現れ、それが大きく開かれたのだ。

若い時からチャレンジできる事業全体を俯瞰しながらする仕事

「海外で仕事をするのは、それまで見たこともなかったこと、経験したことのなかったことに飛び込んでいくことだと感じています。それはとても楽しいこと。もちろん、うまくいかないこともあります。でも、海外の人々とお互いの共通理解までどうやって至るか苦労して試行錯誤しているうちに、自分の考えていることをどうすればうまく伝えられるか、そのやり方もわかってきました」

最近ではむしろ、海外の方が仕事を進めやすいとも感じている。日本だとあうんの呼吸でなんとなくわかり合うところも、海外では明確に言葉にする。たとえば今日の会議の目的はこれだということをまずはっきりさせて進めていく。きわめて明快だ。

では、今後のキャリアプランについて渡邊さんはどのように考えているのだろうか。

「今、海外で仕事をするようになって6年経ちます。海外事業のいいところは、事業全体を俯瞰しながら仕事ができるところだと考えています。一方で、技術系としては技術を磨いていきたいという気持ちもあります。技術が進んでいるのはやはり日本ですから、もう一度、日本で技術を磨いて、それをまた海外に展開していきたいですね」

会社の基本方針には、中国、東南アジア、米国に重点を置いた海外事業の拡大が掲げられている。活躍の場はこれからも広がっていくだろう。渡邊さんは6年前の広州のような新工場立ち上げに、今度は別のポジションで関わってみたいという想いも抱く。

海外駐在員は、国内勤務と比較して早い時期から事業全体をとらえて業務に携わるという経営的視点が求められる傾向がある。それはチャレンジングな仕事の場であり、就活の時期から渡邊さんが強く求めていたものだった。

「会社説明会でも、若い時から仕事をまかせてもらえるという話を聞きました。成長したい、チャレンジしたい気持ちに応えてくれる会社だと思います」

海外への挑戦に静かに燃える渡邊さんだが、実は愛する日本の地方がある。それは石川県。

「海外事業部に異動する前の5年間、石川県の牛乳・乳飲料の工場にいたんです。初任地の九州に1年間勤めて、その次の赴任地でした。それがとてもいいところで、大好きになりました」

あまりに好きになって、今では「石川県観光特使」として観光PRまで行うほどだ。

「まず食べ物がおいしいです。海産物、日本酒。それから兼六園、美術館もいい。能登に行けば自然も素晴らしいです」

思わず熱が入る。これからは、世界各地にそんな愛する土地が増えていくかもしれない。

Chapter 6

食品業界に入るには

1 食品業界の採用状況

安定して高い人気の食品業界

食品業界の人気は新卒・中途採用、男女別、文系・理系を問わず、安定して高い。

各種人気企業ランキング調査でも、おおむねトップ10に1～3社、トップ100に十数社、食品メーカーの名前を見つけることができる。

調査によって各企業の順位に差異はあるが、食品業界としての人気はどの調査でも高い傾向にあるといえる。

しかも、それは過去のどの時期においてもそれほど変わらないのだ。業界によっては時期によって人気・不人気が大きく変動することがあるし、時代の流れによる栄枯盛衰もある。

しかし、食品業界はどの時代にあっても、人気が高いのである。また、近年、増えつつある「理系女子」の食品メーカー志向が強いことも顕著な特徴だ。

では、なぜ食品企業が高人気なのだろうか。

その理由はいくつか挙げることができる。

1　歴史があって事業の安定感もある
2　待遇は悪くないようだ
3　華やかなＴＶＣＭなど企業の知名度が高い
4　健康に関わるクリーンなイメージがある
5　身近なヒット商品を日々、多数生み出している

言い換えれば「企業イメージは堅実で親しみやすく、理念の社会的意義も高い。また、ものづくりの楽しさに関われるチャンスもありそうだ」ということになるだろうか。

倍率2750倍という難関も

　では次に、このような人気の高い食品業界に入る難易度について見ていこう。

　当然ながら人気の高い企業に入るのは難しい。が、ここで注意しなければならないのは、個々の企業の採用人数である。

『就職四季報２０２０年版』（東洋経済新報社）によれば、採用人数ベスト１００のうち、食品業界でもっとも多いのが山崎製パンの３２４名。だが、ベスト１００にランクインするのはこの山崎製パン１社のみなのである。

　では、それ以外の食品企業は、どのくらいの採用数なのか。

アサヒ飲料	44名
アサヒビール	71名
味の素	85名
伊藤園	２００名
伊藤ハム	53名
江崎グリコ	38名
エスビー食品	28名
カゴメ	40名
カルビー	10名
キッコーマン	38名
キユーピー	50名
極洋	20名
キリン	74名
国分グループ	97名
サッポロビール	64名
サントリーホールディングス	１１６名
Ｊオイルミルズ	15名
ＪＴ	１４０名
宝ホールディングス	33名
東洋水産	17名
日清オイリオグループ	24名
日清食品	45名
日清製粉グループ	87名
ニチレイグループ	71名

日本製粉　67名
日本水産　28名
日本ハム　51名
ハウス食品　52名
プリマハム　54名
丸大食品　24名
マルハニチロ　85名
明治　50名
森永製菓　32名
森永乳業　79名
ヤクルト本社　69名
雪印メグミルク　72名
ロッテ　69名
（いずれも修士・大卒採用数。『就職四季報2020年版』より）

ちなみに全産業の採用人数トップは三菱ＵＦＪ銀行の951名、2位は三菱電機の920名、3位が大和ハウス工業の885名となっている。

もちろん採用数は年度によって変動はあるが、おしなべて食品企業の採用数は、企業の知名度や規模に比して少なめなのだ。

少ない採用数（内定数）に対して多くの応募者が殺到すれば、競争率は上がる。すなわち入社難易度は高くなる。

これを数字で表すと入社倍率ということになる。あくまで一例だが、同じく『就職四季報』の過去の調査によると、こんなデータもある（事務系総合職）。

全業界高倍率ランキング50社の1位は明治。事務系総合職の応募者約1万1000人に対して内々定者数は4人、倍率は2750倍。これが唯一の4ケタで、3位が森永乳業の533倍。続いて6位が味の素ゼネラルフーヅの376倍、7位ヤクルト本社318倍、9位カゴメ308倍と、食品企業がトップ10の半分を占めている。それ以下も14位サントリー食品インターナショナル275倍、15位ハウス食品グループ268倍、16位味の素267倍など、食品企業が目白押しだ。

ただし、応募者1万1000人に採用50人となると、倍率は一気に220倍まで下がるため、あくまで過去の一例であり、個々の細かな数値よりも全体の傾向として捉えるべきだろう。それでも、数千～1万人を越える応募者の中からせいぜい数十人の採用だからなかなか厳しく狭い門だといえる。

さまざまな大学から幅広く採用

しかし、倍率だけで難易度は決定づけられない。たとえば採用者が一部のいわゆる難関大学出身者のみで占められている企業の場合、それ以外の大学からの入社はきわめて難しくなるだろう。そのような大学の難易度と入社の難易度を合わせて集計した調査もある。

その調査結果によると、入社が難しい企業のトップ5は、三菱商事、三井物産、三菱地所、伊藤忠商事、日本経済新聞社だそうだ。トップの三菱商事は早慶東大、京大、一橋の5大学で採用者の6割を占めている。

これを業界別に見ると、入社が難しい業種トップ5は、広告、放送、石油・鉱業、商社、新聞となる。そして以下、出版、化学、通信、ゴム・ガラス、医薬品、精密機器、機械・機器、電気機器・電子、鉄鋼・金属、電力、銀行、繊維、損保、自動車、紙・パルプときて、その次にようやく食品が登場する。33業種中21位という位置である。

ここからわかるのは、食品業界は、幅広い大学から広く人材を採用する傾向にあるということだ。

事実、個々の企業の採用実績校を確認すると、営業や企画・マーケティングなどの事務系については、さまざまな大学名を確認できる。

広告や商社などとは異なり、特定の大学である程度絞り込まれる（それ以外の大学ではチャンスが極端に少なくなる）ということはない。学力だけではなく、個人のさまざまな能力や志向を判断して選考される傾向が強いといえるだろう。

まとめれば、食品業界は非常に人気が高く、多数の応募者がいるのに比して、採用数は少ない。しかし、幅広い大学から人材を求めている、ということがいえる。

2 食品業界の採用プロセス

2020年卒からルール変更

食品業界の採用プロセスは、他業界同様、就活スケジュールに則って行われる。2017年卒〜19年卒までは経団連の「採用選考に関する指針」による「3月採用広報解禁、6月選考解禁、10月内定解禁」がその基準とされてきた。

しかし18年10月、経団連はこの「採用選考に関する指針」を21年卒採用から廃止することを決定した。

そもそもこの「指針」はあくまでも紳士協定であり、経団連加盟企業が守らなかったとしても罰則はなかった。さらには、経団連に非加盟の中小企業、外資系企業、ベンチャー企業にとってはまったく効力が及ばないことになる。

優秀な学生を確保したいと考える企業は、他社に先を越されまいと選考の時期をどんどん前倒しし、「指針」という「就活ルール」は形骸化することとなったのである。

現実には、多くの企業が3月に入ると学生にエントリーシートの提出を求め、筆記テストを実施するなど、実質的な選考を開始する。その結果、6月1日時点で全体の7割弱に内定が出るという結果になった（19年春入社）。

さらには学年の制限なく就業体験ができるインターンシップもある。本来は「インターンと採用活動の直結は避けるべき」とされているが、実質的な選考は、インターンシップの段階から始まっているともいえる。

こうした現実と「指針」の乖離に、意義を見失ったのが廃止の理由といえる。

ひとまず20年卒採用に関しては現行スケジュールが適用されるが、それ以降のルールは政府が主導して定めることになった。

内閣官房と文部科学省、厚生労働省、経済産業省が参加し、経団連と、国・私立大などで構成する就職問題懇談会（就問懇）もオブザーバーとして出席している連絡会議は、21年卒も現行の日程を踏襲、22年春入社以降の学生についても、従来どおりとする方針を決定した。

年々進む就活早期化

今のところ就活スケジュールの変更は具体化されていないが、実際のところは年々、就活早期化が進んでいる。

19年は多くの採用担当者が「4月末からの10連休前までには内定出しにメドをつけたい」としており、慢性的な人手不足により、優秀な学生の取り合いといった様相になっている。応募する学生の側も、早めに1つ目の内定を確保し、本命企業の選考に臨むというスタンスが増えているという。

では食品各社の採用スケジュールはどうなっているのだろうか。2社の19年の例から見ていこう。サントリー食品インターナショナルについては、採用プロセスについての説明を採用WEBサイトから引用する。

【アサヒビール】

事務系

ES受付期間　3月1日～4月12日

合否発表時期　5月中旬頃にメールで

説明会　5月

面接　6月（4回）

内々定　6月中旬～

技術系

ES受付期間　生産研究部門　3月1日～4月10日　エンジニアリング部門　3月1日～4月17日

合否発表時期　5月上旬頃にメールで
説明会　5月
面接　6月（3回）／筆記　6月
内々定　6月中旬

【サントリー食品インターナショナル】

Step1　WEBエントリーの登録　3月1日〜

サントリー食品インターナショナルに少しでも興味・関心をもっていただいた方は、まずサントリーグループマイページにWEBエントリーをしてください。

WEBエントリー後、マイページ内で皆さんの興味・関心に応じた情報を随時お届けしていきます。

Step2　エントリーシート提出　3月1日〜3月25日 15：00締切

3月1日からWEBエントリーされた方にエントリーシートを配信致します。配信されたエントリーシートに必要事項を記入し、送信ください。ぜひ、ありのままの皆さんを素直に表現してください。

Step3　筆記試験・適性検査の受検　エントリーシート提出後配信3月27日締切

エントリーシートの提出確認後、全員の方に筆記試験・適性検査をWEB環境で受検頂きます。※以降はStep2・Step3の選考通過者のみが対象

Step4　会社説明会への参加　5月

サントリー食品インターナショナルの仕事や社風などについて、より理解を深めて頂くため、採用担当者から直接お話する機会として会社説明会を実施します。また、サントリー食品インターナショナルで働く社員についてもより深く知って頂くため、現場社員への質問会を設けます。ぜひ色々な社員との対話からサントリー食品インターナショナルの社風も感じて頂ければと思います。

Step5　面接

面接による選考は複数回行います。選考基準は人物本位。しっかりと時間をかけて、繰り返して

いく対話を通じて、自然と表れてくる一人ひとりの個性を感じとっていきます。

また、他社選考を含めた就職活動における不安や悩みも、面接・採用担当者が共に考えていきたいと思っています。

ぜひ最後までサントリー食品インターナショナルの選考を受け続けてください。皆さんにお会いできる日を楽しみにしています！

以上、あくまで通常ケースとされているが、基本的なスケジュール感は把握できるだろう。

インターンシップは選考ではないが……

インターンシップについても触れておこう。インターンシップは学生が企業で「就業体験」をすることだ。就活でのミスマッチを防ぐため、学生がその会社や仕事を深く理解するために行われる。通常、大学3年生の夏～冬の時期に行われることが多い。

今や、就活生の8割近くがインターンシップの参加経験を持つという。平均参加社数は4社だ。そこまで熱心に参加する理由は、企業や仕事を知るためだけではなく、インターンシップ参加が後の採用選考でプラスに作用する可能性があるからである。

表向きは選考とは無関係とされるが、インターンシップでいいアピールができれば、それはなんらかの評価につながると考えられる。

実例を挙げておこう。これは採用ＷＥＢページで紹介されていた、日清食品グループのインターンについての説明である。

《就業体験内容》

5 Days Internship “Work as a Creator!”

日清食品グループの理念や歴史に加え、商品企画メソッドを知ったうえで、更に商品企画、戦略立案を体験して頂きます。

日清食品グループは、即席めんだけでなく、冷凍食品やチルド食品等様々な事業を展開しています。

各事業会社の事業構造を理解した上で、更なる顧客獲得のためのマーケティング戦略を考えて頂き、グループで発表をして頂く予定です。

グループでの討議を繰り返し、現場社員の叱咤激励を受けながらクリエーターとして産みの苦しみを味わった上での喜びを実感していただきます。

ワーク終了後、現場社員からのフィードバックを実施予定です。
※グループ各社のインターンシップは共通内容のため日清食品ホールディングス（株）が一括して行っております。
応募締切日　２０１9年7月31日

《応募の流れと注意点》

申し込み方法
(1)　マイナビからエントリー、もしくは弊社ＨＰよりエントリー
(2)「MyPage」より、締切日までにエントリーシートを提出
申し込み後のフロー
ご提出頂いたエントリーシートによる書類選考を実施し、合格者の方には面接のご案内をいたします。
上記選考結果により、インターンシップ参加者を決定いたします。
なお、書類選考結果は締切日以降にお知らせする予定です。

《参加条件》

資格：特になし
対象：国内外の高専もしくは4年制大学・大学院に在学中で、類まれなる好奇心をお持ちの方

《開催地域》

東京、長野

《実施場所》

5 Days Internship “Work as a Creator!”
・日清食品ホールディングス株式会社　東京本社（東京都新宿区）
・安藤百福センター（長野県小諸市）

《開催時期》

9月1日～10月31日

《受入期間》

5 Days Internship “Work as a Creator!”…２０

19年9～10月にて複数日程（計5日間）

《受入人数》

5 Days Internship “Work as a Creator!” 20名程度

※応募者多数の場合は、書類選考・面接を実施します。

日本カバヤ・オハヨーホールディングスのインターンプログラムは次のように公表されている。

【技術職編】

・業界説明・会社説明・私たちが世の中に届けていきたいもの・「エンジニア」職の役割、業務内容、他職種との連携について・工場見学・グループワーク「設備改善、新規設備の導入におけるケーススタディー」・発表（グループワークで検討した内容を発表して頂きます）・発表に対するフィードバック・先輩社員との交流

【全職種編】

商品開発：マーケティングの基礎知識を座学で学んでいただいた後に、グループワークを通じて新商品を開発&プレゼンしていただきます。製造：工場内の動画を見ながら、モノづくりの技術、製法、食品を作るうえで大切にしていることや、より良い商品を作るための「改善活動」について、「ムリ」「ムラ」「ムダ」の観点から、体感していただきます。営業：商品を使用し、学生同士で商談をしていただきます。さらに、普段どのように商談をしているのかを、社員が再現する「模擬商談」から感じていただきます。営業のリアルな現場を見ていただけます。

通年採用も拡大へ

近年は、新卒採用について、通年採用というスタイルが新たな人材獲得の手段として注目されつつある。

現在、新卒の採用スタイルは、採用活動を一斉に始めて集中的に行う一括採用が一般的だ。これに対して1年を通して、いつでも必要に応じて採用活動を行うのが通年採用である。

通年採用になると、選考にゆとりが持てるため、学生も企業も余裕をもって相手を見極めることができる、留学をしていた学生も不利にならないなど、企業にも学生にもメリットがあるが、一方で採用業務の負荷が増える、学生にとっても逆に入社意志がなかなか固められなくなる、といったデメリットの可能性もある。

しかし、調査によれば、すでに実施、実施予定、実施を検討しているまで含めると、通年採用について積極的な企業は全体のほぼ半数に上るという。

食品業界では、ネスレが「ネスレパスコース」という名称で通年採用を行っている。以下、その内容を紹介しよう。

《ネスレパスコースの実施にあたって》

企業に選ばれるのではなく、皆さんに主体的に就職活動をしてもらいたい。

留学や研究など、より一層学業に打ち込めるように、就職活動の時期を選んでエントリーしてもらいたい。

多様な人材が協働し、シナジー効果を最大化することによって、組織（ひいては社会）を活性化させたい。

このような思いから、ネスレ日本は、２０１３年度新卒採用より、年齢・学歴・国籍などの採用対象を限定せずオープンにエントリーを受け付け、選考時期・選考方法を皆さんが自律的に選択できるエントリーコースとして「ネスレパスコース」を実施しています。

Step01
エントリー

ネスレパスコースは全職種が対象となり、年齢・学籍・国籍など採用対象を限定せずオープンにエントリーを受け付けます。１年生からエントリーが可能です。

課題提出

従来のエントリーシートやＷＥＢテスト以外の方法でチャレンジしていただきます。（例：課題提出、ケーススタディ、動画エントリーなど）詳細については、マイページをご確認の上、ご提出ください。

マッチングセッション

　グループディスカッションや1対1の面談等を通じて、マッチングを図らせていただきます。

Step02

ネスレパス付与

「ネスレパス」は上記の「選択型エントリー」を通過された方、もしくは「通年インターンシップ」を修了された方に付与されます。「ネスレパス」を付与された皆さまは、任意のタイミングで社員参加型研修「ネスレ チャレンジプログラム」にご参加いただくことが可能になります。（4大生の方は3年生の4月から参加が可能となります。）なお、ネスレパスを取得されるまでは、何度でもエントリーしていただけます。

Step03

社員参加型研修

ネスレチャレンジプログラム

　ネスレチャレンジプログラムはネスレ社員も参加して、計2日間で様々な課題に取り組んでいただく社員参加型研修です。ネスレが求める人材像は、私たちネスレ社員にとっても目指すべき姿あり、多様性を認め合い、互いに影響を与えることのできるこのプログラムを通して、皆さんと共に成長していきたいと考えています。

Step04

面談

　ネスレチャレンジプログラムの選考を通過された方に受けていただけます。これが最終選考となります。

・Step05

ネスレアソシエイト認定

なお、アソシエイトとは従来の「内定者」を新制度で捉えた呼称。同社は「採用内定者制度」を刷新し、アソシエイト（内定者）の主体的なキャリア形成を支援する新制度「ネスレアソシエイト制度」を導入した。内定者を、入社前であっても「ネスレの仲間・同僚」と捉え、従来使ってきた呼称「採用内定者」を使用せず、「アソシエイト」とするものだ。

3 食品業界の求める人材

「食」を仕事にする自分なりの意味

さまざまな大学から多数の応募者が集まってくる食品企業では、その大多数の中に埋もれてしまってはとても採用はおぼつかない。

「安定しているから」

「御社の商品が好きだから」

「食べることが好きだから」

そんな志望動機で数千人の中から際立つことは難しい。もちろん、安定していること、その商品が好きなこと、食べることが好きなことが志望動機であってもいいが、そこから出発して、なぜそれが志望動機なのか、入社後にどんなことがしたいのか、説得力のあるアピールが必要だろう。

そもそも「安定」といっても、競争は実に厳しい。少子高齢化が予想よりも早く進行する国内市場は今、急速に縮小しつつある。単に守りの姿勢では失う一方なのだ。

海外に活路を見出すか、国内で新たな市場を開拓するか。いずれにしても広い視野と柔軟かつ斬新な発想が必要とされるわけで、自分の中にあるそういった資質をいかに引き出して強くアピールできるかが、明暗を分けることになるだろう。

自分の個性や能力、経験と、志望企業の仕事との接点を見極め、創造していくことが求められる。誰もが深く関わりを持つ「食」だからこそ、そこに仕事として関わっていくことの自分なりの意味を見出すことが重要なのだ。

そのためには食品業界の仕事の大枠をまず知って

おく必要がある。以下、部門別の仕事概要を見ていこう。

企画に関わる仕事（マーケティング・商品企画・営業企画部門）

今や、何もしなくても商品が売れ続ける時代ではない。商品のリニューアルや新製品の開発・市場への投入は、食品企業にとってもっとも重要なポイントだ。とくに食品メーカーは、他業界のメーカーと比較して商品の種類が多く、1つ1つの商品のライフタイムも短い傾向にあるから、企画立案にはスピードが要求される。そのため、商品のカテゴリ別に企画部署が編成されていたり、担当商品が細かく割り当てられていたりするケースが多いようだ。

この部署で働く人々はマーケッターと呼ばれたりする。その仕事の出発点は市場のリサーチ・分析、終着点はリニューアル商品や新商品を市場に送り出すところにある。問題意識は、「なぜこの商品が消費者にもっと受け入れられないのか」「消費者が求めている新製品とは何か」というようなことだ。

ベーシックな仕事の流れを追ってみよう。たとえばA商品の売り上げが伸び悩んでいるとする。スーパーやコンビニからのデータをチェックすると、ライバル会社のB商品に明らかに食われている。では、A商品のどこに問題があるのだろうか。味、品質、容量、パッケージ、広告、イメージ、売り方（キャンペーン展開や売り場の確保などの営業力）といったさまざまな観点から仮説を立ててみる。そして、その仮説が正しいかどうかを、市場調査やデータの分析から検討する。

その結果、売り上げが伸びない原因・課題が見えてきたところで、それを克服するためのポイントを施策として具体化する。

そして、具体的に商品のリニューアルを手がける研究開発部門に、そのポイントや開発スケジュールを投げかけるわけだ。同時に、パッケージや広告宣伝を担当する部署とも打ち合わせを進める。関係部署とは何度もやりとりをして、当初のねらいどおりのリニューアル化が実現できるように、常にチェックを行う。

ようやくリニューアル化が完成すると、それを売り込む営業部署にリニューアルのねらいを伝える説明会を開催する。さらに、キャンペーン企画など効果的な営業プランも提示。リニューアル商品の新発売に向けて一斉に現場が動き始めたところで、次のリニューアルや新商品開発に着手する。

この仕事で要求されるのは、リサーチ・分析に必要なマーケティング理論の知識と鋭い洞察力、具体的なプランにまとめるための発想力、関連部署にポイントを伝えスケジュールどおりに動かすコミュニケーション力・調整力、といったところだろうか。さらに、営業や売り場の生々しい現場感覚も不可欠である。求められるのは机上の空論でなく、リアルなプランだからだ。

そんなこともあって、実際には、営業の現場を数年間経験してから、企画部門に配属になるケースが多い。もちろん、営業の仕事を行ううえでも、企画部門的な発想が必要なことはいうまでもない。

とくに近年の食品マーケッターが頭に入れておくべきポイントは次のようなものだろう。

・少子・高齢化によって食品市場全体が大きく伸びることは期待できない。他社商品からいかに奪うか、他のカテゴリ商品からいかに奪うか。それは新しいカテゴリの創造とも通じる発想である。
・食品の各カテゴリではトップブランドが強い。そこには多く売れている商品への安心感があるからだ。しかし、似たような商品を開発しても、しょせん二番煎じと見なされる。
・商品単価が安い、購入頻度が高い。つまりチャンスの機会が多いが、継続するための施策も必要となる。
・「おいしさ」はさまざまな要素から構成される。商品企画、商品化とはその「おいしさ」を形にすることだ。食べてみたいと思わせる、また食べたいと思わせる、そこに全てを賭ける仕事だ。

営業に関わる仕事(営業・販売部門)

営業職はいわば企業のエンジンである。いくら画期的な製品や効果的な営業プランを打ち出したとしても、営業部署に力がなければ話にならない。基本的には商品と営業が手を取り合って売り上げを伸ばすわけだが、最後にものをいうのはやはり営業力。営業の果たす役割はきわめて大きいのだ。

営業の仕事というと、足と汗で稼ぐという泥臭いイメージがあるかもしれない。たしかに、かつてはそういう要素が強かった。頭で考えるよりまず歩け、何度でも行け、誠意を見せろ、しぶとく粘れ、売れるまで帰ってくるな……。しかし、近年、食品業界の営業スタイルは大きく変化しつつある。

その背景にはさまざまな要因があるが、まず、スーパーやコンビニエンスストアなどの量販店の持つ力がますます強くなっていることが挙げられる。量販店はPOSデータなど、きめ細かな情報をベースに販売している。量販店・卸のバイヤーを攻略するためには、説得力のある情報・提案が不可欠なのだ。もちろん、その向こう側には、非常に高いレベルで「食にこだわる」消費者がいるわけだが。

多くの場合、食品企業の商品の売り先は卸会社になる。つまり、数字に関わる商談は卸会社が相手になる。たとえば、新製品を発売する場合、なぜ、今、この商品を売り出すのか、その商品の特徴を消費者に訴求するためにどんな販促活動でアピールするのか、といったトークが重要になる。

しかし、卸会社だけが得意先ではない。その先にある量販店も重要な取引先なのだ。卸会社が量販店と取り引きをする場にも同行し、卸会社とタッグを組んで営業活動することも多い。なにより、卸会社よりも自社製品についての知識は深いので、たとえばこの商品がよくなければこの商品はどうでしょう、といった臨機応変の提案も卸会社の担当者に期待されるのだ。

場合によっては単独で量販店を訪問することもある。現場を見て販促アイテムのチェックをしたり、時には商品の補充を手伝ったり。

基本的に、営業部署は、流通チャネル別、商品カテゴリ別、エリア別などで編成される。こうした分類が複合的に組み合わせられたり、併存するケースもある。商品によっては、業務用（外食業界の企業や個店向け）が大きなウエイトを占める場合もある。

人によっては、ずっと業務用畑でキャリアを重ねる場合もあれば、量販店畑を歩む場合もあり、同じ営業といってもずいぶんその中身は違ってくるが、多くの場合は、さまざまな営業を経験することで、キャリアに厚みが出てくるというパターンが多いようだ。

具体的には、店頭キャンペーンや売場演出、メニュー提案など、さまざまな企画を計画・実行しながら、売り上げを増やすための活動を行っていく。店頭在庫が薄くなれば補充注文を取ることは当たり前、地域や業態に応じて商品構成を変化させることも当然。取引先に対してさまざまな工夫やアイデアを提案し、売り上げ増を働きかけることが営業の仕事なのだ。

営業の仕事の魅力は、常に会社の最前線にいて、市場が動く現場を肌で感じられること。あるいは、市場そのものを動かしていけること。流通や小売りの担当者と信頼関係を築き、ともに喜びを分かち合えること。食品は生活に身近な商品なので話題になりやすい。その話の中から、新しいアイデアが生まれる。

たしかに、営業である以上、売上目標としての数字が常について回ることも現実である。しかし、営業のエネルギーとなるのは、現場ならではの臨場感あふれる活力だ。仕事をすれば数字は結果としてついてくる、これも真理だといえる。

開発に関わる仕事（R&D・開発・生産部門）

組織機構としては、開発部門として研究所、生産部門として工場がある。研究所では基礎研究からリニューアル製品、新製品の開発などを行う。工場は、製品としてマスプロダクトを行う部門である。

食品業界は、バイオやゲノムといった最先端分野でも次々に新しい成果を上げている。医薬品事業やアグリバイオ事業で世界をリードする企業も多い。工場における環境リサイクルやエコエネルギーといった点でも、先駆的な取り組みが目立つ。つまり、この開発・生産部門は、産業界の中でもトップクラスの優等生であり、将来的にも大きな期待が寄せられているのだ。近年は「食の安全」に対する意識の高まりから、衛生管理面でも大きな進歩を遂げている。

研究所の仕事は、理系出身者が中心となる。とはいえ、必ずしも専門分野に限定されるわけではない。もちろん大学時代の専門が買われてさらに研究を深めるケースもあるが、幅広い商品に対応できる応用力が問われることも多いのである。

分野別では、機械系が生産現場での需要が大きい。食品科学や分析科学はまさに食品の専門分野である。農芸化学、生物工学はバイオ関連で需要がある。

商品開発という仕事は、企画部門がまとめたコンセプトを試作、試食を繰り返し、商品という形に作り上げることだ。

具体的には、原料の選定、調合の組み立て、資材の選定、殺菌条件や賞味期間の設定、工場での生産方法の検討などを行うことになる。ほとんどの場合、スケジュールが設定されているので、期限内に成果を上げなければならない。当然、技術的に困難な課題をクリアするところに開発のポイントがあるわけだから、プレッシャーの中での試行錯誤になることが多いわけだ。

ここでは、製造工程の確認やコスト調整も重要なポイントになる。原材料のわずかな調合の違いによって味が大きく変化することもある。試作品ができあがったら、消費者モニターや社内モニターなどが何度も行われる。その結果によっては、開発コンセプトの評価・修正が行われることもある。

また、研究所での試作段階と工場での生産ではスケールが違うため、予期しない問題が起こることも少なくない。生産の効率性も考慮しなければならないし、安全性は絶対条件である。こういった点も大学の研究室とは大きく異なるところだ。

また、生産ラインの構築など機械システム工学系の仕事も、重要な役割を担う。

基本的には、専門知識と技術力が問われるが、開発業務には多くの人が関わってくるため、コミュニケーション能力も重要になる。技術の壁を突破するためには、独創的な発想力も必要だ。

経営に関わる仕事（経営企画・経理・法務・人事）

会社を動かす、つまり組織を管理する部門は、企業にとってなくてはならない部門である。とはいえ、たとえば経理や人事の仕事なら、別に食品業界でなくてもどの業界でも同じような内容ではないかと思うかもしれない。ところがそうではないのだ。

経理で会計処理を行う場合でも、その数字が食品を表すのと鉄鋼を表すのでは大違いなのである。会社がよって立つ商品は、当然ながら経営の隅々にまで関係する。自社商品を知らずに経営に関わる仕事はできないし、逆に、自社製品を愛するからこそ経営の仕事にも意味が生じるわけだ。

近年の食品企業はグローバル戦略が業績を大きく左右するケースが多いので、経営企画の判断には大きな責任がつきまとう。M&A戦略は巨額の資金が動く。責任はきわめて重大だ。

経理部・財務部の仕事にも共通点が多い。基本的に、財務部は銀行とのやりとりなど資産管理を担い、経理部はより細かな会計処理を担当することが多いが、企業規模や方針によっても異なるし、組織改編によりこの両者を統合したり分割したり、動きもさまざまである。

また、特許や商標など、会社にとって重要な財産である知的財産権の管理に携わるのが法務部の仕事。さらに契約書の作成やチェック、株主総会の運営なども担当する。コンプライアンス（法令遵守）経営に注目が集まる現在、法務部の果たす役割も非常に大きい。商取引における契約には、業界独特の慣習もあるため、現場感覚も重要なポイントになる。

この経理部や法務部は専門知識が要求されるため、商学部や法学部出身者が配属されるかというと、意外なことにそんなこともないようだ。仕事をしながら学んでいけば十分、実際の業務で通用するということなのだろう。いずれの部署も、専門知識に加えて、より総合的な経営的センスが求められるのが最近の傾向だ。

人事部は、採用、研修、配置、組織開発、労政賃金管理などを担当する。いわば人材を動かし、組織の活性化を図る部署だ。採用活動もスタイルが一変したし、食品業界も大きな組織改編が相次いでいるので、仕事は非常にダイナミックだ。人事部の仕事の最大の喜びは、採用した人材が入社後に活躍している姿を見ること。会社の将来を担う人材を育成するという責任もある。そして就職活動をしている学生にとっては、人事部の社員が企業を代表する顔になるわけだ。

消費者対応の仕事（広報・お客様相談センター・広告宣伝部門）

広報室はマスコミへの対応、消費者からの問い合わせへの対応などを担当する。ここから消費者相談室、お客様相談センターなどを独立させている企業が主流だ。もともと食品業界は一般消費者との接点が非常に多いため、早い時期からこうした対応窓口が充実していたのである。とくに近年は、インターネットを通じてネガティブな情報も拡散しやすいので、クレーム対応が重要課題の１つとなっている。

こうしたカスタマーサポート体制は、データベースやネットワークシステムの技術革新に歩調を合わせて、強化される傾向にある。それは、企業にとってのリスクマネジメントでもあるのだ。広報部門のマスコミ対応もまったく同じ意味を持っている。また、企業によっては、メディアの種類別に担当者を置くとともに、ＩＲ（インベスター・リレーションズ＝投資家向け広報活動）担当を置くところもある。

一方、広告宣伝部門は、広告を制作するセクション。とはいっても、広報・広告セクションで担当している企業もあれば、商品企画・営業企画などのマーケティング企画系の部署が担当する企業もある。いずれも実際の制作は広告代理店と広告制作プロダクションが手がけることがほとんどなので、コンセプトワークや進行管理が仕事になる。

とくに食品業界はＴＶＣＭなど広告の出稿量が非常に多く、タレントを起用した華々しい広告展開も注目を集める。社会的な影響の非常に大きな仕事だ。その成否が企業や商品のイメージを大きく左右する。

ネガティブな印象を与えると致命的になるし、食品の広告表現は薬事法などに抵触することもあるので、表現の細部まで気を遣わなければならない。クリエイティビティと高いチェック能力が要求される仕事だ。

中途採用は専門性と実績が決め手になる

中途採用で求められるのは即戦力だ。目に見える形での専門性や実績が決め手になる。

たとえ中小でも、独自の商品や技術を持っている企業で実績があれば、大企業にステップアップする大きな力になる。技術系はもちろん、文系でも特定分野での実績、人脈が企業のニーズとマッチしたときは可能性が開ける。

たとえば味の素のキャリア採用は、不定期で採用活動を実施している。過去には、こんな例があった。

「これまでの経験を活かしながら、事務系Lコース（全国型／総合コース）として活躍いただきます。最初の配属先は、国内食品部門の営業を予定しています。お客様や社内メンバーとともに、粘り強い知恵と努力を積み重ね、新たな市場を開拓し、新しい価値を創り出してください。将来的には、食品、バイオ・ファイン、健康分野の営業部門、マーケティング部門、海外部門等で幅広く活躍していただけることを期待しています」

さらにその具体的な内容。

・家庭用製品営業：主に家庭で使われる調味料やスープ等の加工食品を、卸店、量販店等へ提案。商品の品揃えや販促企画等の考案を行います。

・外食用製品営業：外食店の厨房等で使われる業務用の調味料や加工食品を、卸店、外食店、弁当店等に対して提案。調理方法や販促企画等の提案を行います。

・加工用製品営業：食品メーカーの工場で原料として使われる加工用調味料を、食品メーカー等へ提案。

新しいレシピの考案や加工方法等の改善案を提案します。

対象となるのは「35歳まで」で「4年制大学卒以上」、さらに「第一種普通自動車免許」所持で、「全国の支社、支店に勤務可能な方（寮、社宅完備）」。

入社後のジョブローテーションにより、海外勤務の可能性もあり。そして求める人物像。

◎味の素KKの会社としての姿勢、企業理念に共感いただける方
◎地味な仕事でも一つひとつ堅実に遂行することができる方
◎他人との信頼関係を築ける方
◎食・健康の分野に興味をお持ちの方
◎組織や地域を超えて、グループ内の総合力をフルに活用して活躍できる方

営業経験は不問ともいう。もちろん社会人としての経験や総合的な人物が問われることはいうまでもないが、この「求める人物像」には普遍性がある。

食品企業が求める人物像

食品企業の場合、やはり「食」が好きだということは最低限の要素になるだろう。「食」が好きであり、興味・関心があるというのは当たり前で、その強度や角度の違いが重要なポイントになってくる。

また、「食の楽しさ」「安全な食」「海外志向」というのも業界全体に共通する重要ポイントだ。

そのうえで、各社各様の「求める人材像」がある。

●アサヒビール　「で、どうする？」と何事においても主体的に考え、まわりを巻き込み行動できる人材
●味の素　主体的に考え周囲と協力して行動できる人
●伊藤園　経営理念「お客様第一主義」を理解し、実践できる人
●エスビー食品　主体的に〝理想〟へ向かって挑戦できる人
●カゴメ　食べることや、ワイワイ・ガヤガヤ仲間と議論することが好きな人
●極洋　何事にも元気よく、前向きに取り組む人
自分で考え、行動する人
●キリン　高い志を持ち、どんな環境にも前向きに取り組み、お客さまに新しい価値を提供するためにリーダーシップを発揮できる人材
●サントリー食品インターナショナル　変化を厭わ

ず、むしろ「変わることが楽しい」と思える人

●J－オイルミルズ　果敢に行動し、協働の精神と感謝の気持ちを持つ人財　高い意欲と何事にも挑戦する人財

●宝ホールディングス　コミュニケーションをしっかりとれる人　新しい価値観や変化に柔軟に対応できる人

●日清食品　自ら率先して迅速に行動し、成果を上げ続けるための努力と周囲への協力を惜しまない人

●日清製粉グループ本社　周囲との信頼を大切にする、ボーダーレスに行動する、自分の思いを周囲に浸透できる人

●日本水産　変革の意志と情熱を持ち、新たな価値創造に挑戦し続ける人

●日本ハム　確かな信頼を構築できる人　新たな創造ができる人　あくなき挑戦ができる人

●マルハニチロ　向上心と適応力を有し、自ら行動できる人材

●明治　チャレンジ精神溢れる、個性豊かな人材

●森永製菓　チャレンジできる　主体的に行動できる　考え抜くことができる　周囲を巻き込むことができる

●山崎製パン　社業への共感と熱意・意欲にあふれ、創造性豊かな人物

●ロッテ　「創造力」「情熱」「ビジョン」を持ち、自ら考え行動し成果を出す人材

なぜそれぞれの企業がそのような人材を求めるのか、各社の理念と歴史、今後の戦略、自分と企業の可能性を重ねて考えると、自分のあるべき姿とその会社でやりたい仕事が見えてくるだろう。

Chapter 7

世界の食品企業

1 グローバルな食品加工企業

世界市場の規模

農林水産省によれば、世界の食市場は、消費市場の拡大や新興国を中心とした富裕層の増加などにより、２００９年の３４０兆円から20年には６８０兆円に倍増するという（日本は含まず）。中でも中国やインドなどを含むアジアでは約3倍増が見込まれている。

こうした需要に対して、世界の食市場で日本の存在感を高めるために農水省が打ち出した取り組みが「ＦＢＩ戦略」である。

これは、日本の食文化の普及やオールジャパンでの輸出体制の整備などに取り組みながら、日本食材の活用推進（Made From Japan）と、食文化・食産業の海外展開（Made By Japan）、農林水産物・食品の輸出（Made In Japan）の3つの活動を一体的に推進していくもの。とくに「Made By Japan」では食文化・食産業のグローバル展開を目指し、食品メーカーや外食産業などが積極的に海外進出できるように支援する。

今や、縮小する国内市場に対して、急拡大する世界市場を前に、日本の食品企業も世界に打って出ることが喫緊の課題となっている。国策としてそれを支援する背景には、経済・貿易のグローバル化がますます進行し、グローバルメジャー企業が日本市場に参入する障壁が低くなっていることもある。

いわば日本の「食」にとっての正念場を迎えつつあるのだ。今から5年前と5年後では、日本の食品企業をめぐる環境は一変しているだろう。その先を見据えるためには、今まであまり注目されることがなかった世界のメジャー企業についても、その概要を知っておく必要がある。以下、グローバルに事業を展開する世界的な食品企業を紹介しよう。

ネスレ

加工食品企業（食品・飲料）として一般に世界最大といわれているのが、スイスのヴェヴェーに本拠を置くネスレである。スイスで上場しているため、スイスの会社法に基づいて運営され、株主の3分の1はスイス人だ。1866年に薬剤師のアンリ・ネスレが、母乳で育つことのできない新生児のためにベビーフードを開発し、創業した。

1930年代の後半に、ブラジルの大豊作による余剰コーヒー豆からインスタントコーヒー「ネスカフェ」を開発、これが世界的に大ヒットとなり、以後のネスレの土台を築く。以後、戦略的なM&Aを通じて世界最大の食品企業に成長してきた。

現在、スイスでの売り上げは全体のわずか2%で、大多数のネスレ社員や会社資産はスイス国外にある。もっとも売り上げが多い国は米国で、次いで中国。以下、フランス、ブラジル、メキシコ、イギリス、ドイツ、フィリピンなどが売上上位国だ。

日本ではネスレ日本が事業展開している。そのスタートは1913年（大正2年）に、ネスレ・アングロ・スイス煉乳会社が英国ロンドンの極東輸出部の管轄で、横浜に日本支店を開設したこと。日本では長くネッスルとして知られていたが、1994年に英語読みのネッスル日本から広く世界で通用しているフランス・ドイツ読みのネスレ日本に変更された。

グループ売上高は約914億スイスフラン（約9兆9911億円）、従業員数30万8000人、販売国は190カ国、工場も85カ国にある。ブランドは「キットカット」「ネスカフェ」「ミロ」「マギー」「ピュリナ」「ネスプレッソ」などがよく知られているが、その総数は2000を超える。ベビーフード、ミネラルウォーター、シリアル、菓子、コーヒー、調理用食品、チルド・冷凍食品、乳製品、飲料、業務用製品、ヘルスケアニュートリション製品、アイスクリーム、ペットケア、体重管理の分野でも多くのブランドを保有している。

広く世界中で事業展開するが、商品は各国の文化や好み、習慣や宗教、購買力などを考慮して、それぞれの嗜好に合ったものを生産・供給。原材料組成、レシピ、パッケージ、ブランディングは地域によってさまざまとなっている。

ペプシコ

米国ニューヨークに本社を置く食品・飲料会社。世界200カ国余りで展開する多国籍企業で、売上高は646億6100万ドル（約7兆433億円）となっている。

もともと1894年に、米国ノースカロライナ州の薬剤師ケイレブ・ブラッドハムが消化不良の治療薬として売り出した飲料が始まり。当初、消化酵素のペプシンが含有されていたため、1898年にペプシコーラと名称変更した。1965年にペプシコーラ社とフリトレーが合併して現在のペプシコが誕生した。ユニークでインパクトの強い広告も注目を集めている。

その炭酸清涼飲料「ペプシコーラ」がなんといっても有名だが、売上構成としては清涼飲料とスナック菓子が約半分を分け合う比率となっている。地域別には6割弱が米国で、他にメキシコ、カナダ、ロシア、イギリスの売り上げが大きい。

開示セグメントは6つある。まず「北米飲料」はペプシコーラなどの清涼飲料水の北米ビジネスを取り扱うセクター。他のブランドとしては、スポーツドリンクの「ゲータレード」、ジュースの「トロピカーナ」などがある。また、英ユニリーバ社と合弁で紅茶の「リプトン」を販売している、

「北米フリトレー」はスナック菓子の北米ビジネス。ポテトチップスの「レイズ」、「ラッフルズポテトチップス」、ほかに「ドリトス」や「チートス」等のブランドがある。

「北米クエーカー」はオートミールブランドとして有名だが、シリアルやパスタ、シロップ、グラノー

ラなども扱う。

「ヨーロッパ」「ラテンアメリカ」「アジア、中東アフリカ」は各地域での飲料、スナック菓子ビジネスを管理するセグメントだ。売上高は「北米飲料」がもっとも大きく60億ドルを占めており、次に「北米フリトレーの50億ドルが続く。

２０１８年まで12年間、インド出身の女性インドラ・ヌーイ氏がＣＥＯを務めた。ヌーイ氏は炭酸飲料偏重の戦略を健康志向に転換し、新興国市場への進出、とくにインド事業の足がかりを作っている。新ＣＥＯとなるラモン・ラグアルタ氏の前職は、欧州・サハラ以南アフリカ部門のトップ。ＣＥＯ就任後は事業多角化戦略を掲げている。

日本との関係では、ペプシコーラをサントリーが販売、トロピカーナをキリンビバレッジとの合弁会社で販売している。また、カルビーと資本・業務提携の契約を結び、ペプシコがカルビー株式の20％を保有する一方、カルビーはペプシコのスナック菓子販売子会社の日本法人ジャパンフリトレーを１００％子会社化した。

アンハイザー・ブッシュ・インベブ

ベルギー・ルーヴェンに本拠を置き、世界50カ国以上に製造拠点を持つ酒類メーカー。売上高は５４６億ドル（５兆９４５１億円）。

２００８年に当時世界2位だったベルギーのインベブが、１６０年以上の歴史を持つ米国最大手ビール会社のアンハイザー・ブッシュを買収し誕生した。買収総額は約5兆８０００億円で、ビールメーカーの買収では空前の規模。それまでインベブは世界シェア3位だったが、これにより一躍トップへ。16年には同業でライバルの英ＳＡＢミラーも買収。世界のビール市場で3割のシェアに達した。

２００以上のビールブランドを持ち、中でもバドワイザー、ステラ・アウトラ、ベック、コロナはよく知られている。世界19カ国で№１、№２の市場シェアを持つ。

２０１９年には、傘下のオーストラリアのビール会社カールトン・アンド・ユナイテッド・ブルワリーズをアサヒグループホールディングスに160億豪ドル（約1兆2000億円）で売却合意した。

オセアニア地域はアサヒGHにとって欧州に次ぐ海外市場だ。2009年に「シュウェップス」や「ペプシ」などを製造・販売する飲料大手「シュウェップス・オーストラリア」の全株式取得をきっかけに、本格的な進出を果たした。続いて、11年にはオーストラリアの飲料大手「P&Nビバレッジ」からミネラルウォーターと果汁飲料の事業を買収したほか、ニュージーランドでも酒類と飲料の大手2社を相次いで傘下に収める。さらに、12年にはオーストラリアの飲料水メーカー「マウンテンH2O」も取得するなど、積極的なM&Aに取り組んできた。アサヒGHはカールトンを取得することで酒類の売り上げを大幅に増やすことが可能になる。

一方、ABインベブはカールトンを売却することでアジア太平洋地域など成長市場での事業拡大に注力する方針だ。同社は香港市場でアジア部門の新規株式公開（IPO）を実施、最大98億米ドル（約1兆600億円）を調達することを目指していたが、市場環境などを理由に断念した。

JBS S.A.

ブラジル、サンパウロに本拠を構える多国籍企業食品メーカー。牛肉、豚肉、鶏肉の加工及び肉類の冷凍食品を製造している。

1953年に、ブラジルの牧畜家であるホセ・バティスタ・ソブリンホが創立した。社名は創立者の頭文字からつけられている。

ホセの息子であるジョエスレイ・バティスタとウェズリー・バティスタがCEOに就任してから、JBSは積極的にアメリカへ進出し、グローバル市場へ参入。世界中の食肉加工メーカーを買収したことにより規模を拡大した。

ブラジル、アルゼンチン、米国、オーストラリアの4カ国を中心に牛の牧場を構え、世界110カ国に輸出している。売上高は525億ドル（約5兆7138億円）。従業員は20万人に及ぶ。

しかし、2017年、ブラジル国立経済社会開発銀行からJBSが不正に融資を受けていたという疑惑が報じられる。操作の過程で、ジョエスレイCEOが、ミシェル・テメル元大統領をはじめとする多くの政治家に賄賂を贈っていたことが判明。さらに衛生管理面での問題や違法な森林伐採など次々にスキャンダルが噴出している。

ザ・コカ・コーラカンパニー

炭酸清涼飲料「コカ・コーラ」をはじめとする清涼飲料水を製造販売する。本拠は米国ジョージア州アトランタ。売上高442億ドル（約4兆8115億円）。ボトラー含む世界従業員数は12万3000人。

もともとは1886年、薬剤師のジョン・S・ペンバートン博士が新しい飲み物を発明、友人のフランク・M・ロビンソンが「コカ・コーラ」と名付けたのがその始まりだ。

その後、コカ・コーラの権利を得たエイサ・キャンドラー（後のアトランタ市長）はペンバートンの息子らとともに1892年、コカ・コーラ・カンパニーを設立する。

「Coca-Cola」のロゴと「Delicious and Refreshing（おいしく、さわやか）」のキャッチコピー、1杯5セントの大量販売が功を奏し、1895年には全米で発売、流通網の拡大と積極的なマーケティングにより一気に米国を代表する飲料となった。

第二次世界大戦下では米軍の軍需品として世界に広まる。海外進出の際には、現地でパートナーとした企業の多くが、有力者や大地主・財閥、時にはアメリカ資本の多国籍企業であったことから、コカ・コーラのイメージはアメリカ資本主義の象徴となる。2013年にアップルにその座を奪われるまで、「世界でもっとも価値あるブランド」の首位を13年間守り続けた。

現在、飲料分野では世界で圧倒的なシェアを握り、炭酸飲料、ジュース・清涼飲料分野では世界1位、スポーツ飲料、エナジー飲料、缶・ボトルコーヒー、缶・ボトルお茶、ミネラルウォーターの各分野でも世界2位のシェアを握っている。

日本では日本コカ・コーラ株式会社（米国本社が100％出資）が商品開発・宣伝・マーケティング等を行い、製造販売はボトラー各社が行っている。日本での清涼飲料市場シェア首位を継続中。

マース

米国バージニア州マクリーンに本拠を置く。「スニッカーズ」や「M&M's」などのチョコレート菓子や「ペディグリー」「アイムス」などのペットケア製品で知られている。

もともとはワシントン州タコマのフランク・C・マースのキッチンからスタートしたという。設立は1911年。その後、息子のフォレスト・マースが事業に加わり、父親とともにミルキーウェイを発売した。以降は海外展開、ペットケアや食品など、新分野にも事業を拡大した。

売上高は350億ドル（3兆8109億円）、アソシエイト（従業員）の数は11万5000人を超え、世界80カ国以上の国と地域で展開をしている。今でもマース一族が経営する非上場・同族企業だ。

日本ではマースが100％出資するマース・ジャパンを拠点に事業展開している。

モンデリーズ・インターナショナル

米国イリノイ州シカゴ近郊のディアフィールドに本拠を置く食品・飲料会社。「オレオ」や「リッツ」を中心に世界160カ国で販売されている。売上高は259億ドル（2兆8195億円）。

もともと2012年、旧クラフトフーズが、北米食品事業（現クラフトフーズ・グループ）と、グローバルスナック事業（現モンデリーズ・インターナショナル）に分社化することにより誕生した会社である。

この再編を受けて日本法人は、13年に日本クラフトフーズ株式会社からモンデリーズ・ジャパン株式会社へ社名変更が行われた。旧社名では1960年に事業をスタートし、半世紀以上に渡り、日本市場に合わせた製品を送り出してきた。

日本法人モンデリーズ・ジャパンによる取り扱いブランドは「クロレッツ」「ストライド」「ホールズ」「リカルデント」「キシリクリスタル」「リッツ」「プレミアム」「オレオ」他。

ユニリーバ

食品のみならず、洗剤、ヘアケア、トイレタリーなどの家庭用品を製造・販売する多国籍企業。クノールやリプトンをはじめとして、400種類以上のブランドを世界180カ国以上に支店網を広げて展開している。本社所在地はオランダのロッテルダムとイギリスのロンドン。

売上高は479億ドル（5兆2152億円）で、セグメント別では「フード&リフレッシュメント」が40%、「ビューティ&パーソナルケア」が40%、「ホームケア」が20%となっている。地域別の売上げ構成比はアメリカ大陸31%、ヨーロッパ24%、アジア太平洋45%。従業員数16万8000人。

イギリスのウィリアム・ヘスケス・リーバ卿がウォリントンで始めた石けん会社リーバ・ブラザーズと、オランダのマーガリン会社マーガリン・ユニが1930年、ユニリーバとして経営統合したのがスタートだ。

2017年には米食品大手のクラフト・ハインツから1430億ドルで買収提案を受けたが、撤回された。これを契機に、買収の標的にならないように本社をオランダに一本化する計画が進められたが、英国の株主の反対により実現とはならなかった。

日本ではユニリーバが100%出資しているユニリーバ・ジャパン株式会社（旧・日本リーバ）を拠点に事業展開し、日用品主体の事業構成となっている。

2 巨大な農産物取引加工企業、農業生産財企業

いわゆる一般的な食品企業（加工食品メーカー）ではないが、グローバルな「食」市場においては、農産物取引加工企業や農業生産財企業が圧倒的な存在感を示している。その代表的な例を見ていこう。

カーギル

米国ミネソタ州ミネアポリス市近郊のミネトンカに本社を置く穀物メジャーの1つ。穀物のみならず精肉・製塩など食品全般及び金融商品や工業品にビジネスの範囲を広げている。基本的には商社といえるが、農産物取引加工企業といってもいいだろう。

売上高は1146億9600万ドル（12兆4822億円）。従業員数は15万5000人。

その歴史は1885年、ウィリアム・ウォレス・カーギルがアイオワ州で小さな穀物商を営んだことに始まる。カーギルは次々と穀物倉庫を所有し、規模を拡大。1920年代はニューヨーク州へ販路拡大、70年代に5大穀物メジャーが形成され、世界の穀物取引を事実上支配することとなった。

企業形態は全株式をカーギル家とマクミラン家の関係者が所有する同族企業で、徹底的な秘密主義を貫く。

本社の外観は古城のようで、通称「シャトー」と呼ばれている。内部は最新の情報センターとなっており、全世界の穀物生産・消費の情報をもとに経営戦略が練られ、国際貿易取引を行っている。

近年は水産養殖業に進出する動きが目立つ。タイやベトナムなど東南アジアに研究開発拠点を置き、飼料メーカーを買収するなど積極化している。

日本では1956年にトレーダックス株式会社として設立され、2007年に日本の中堅商社であった東食を買収し改組した「カーギルジャパン」を展開している。

バイエル

ドイツのノルトライン＝ヴェストファーレン州レバークーゼンに本部を置く多国籍化学工業及び製薬会社である。アスピリンやヘロインなどを送り出した世界的な医薬品メーカーとして知られていたが、2018年、遺伝子組み換え種子の世界最大手モンサントを7兆円にも上る巨額で買収した（モンサントの企業名は消滅）。

バイエルは、化学工業企業といってもいいが、農産物関連の分野にスポットを当てれば、農業生産財企業と呼べるだろう（モンサントの一部種子事業はBASFに譲渡された）。売上高は350億1500万ユーロ（4兆2340億円）。

創業は1863年、フリードリヒ・バイエルと共同経営者ヨハン・フリードリヒ・ヴェスコットが事業を開始した。最初の主要な製品はアスピリンである。

一方、モンサントは米国ミズーリ州セントルイスで、ジョン・F・クイーニイにより創業された。1920年代頃から硫酸、ポリ塩化ビフェニル（PCBs）などの化学薬品の製造で業績を上げ、40年代からはプラスチックや合成繊維のメーカーとしても知られるようになった。

その後、遺伝子組み換え作物のトップ企業となったが、特許権や契約により農家を拘束するような手法や、遺伝子組み換え作物や除草剤の安全性への懸念、さらにそうした批判や抗議に対する企業姿勢なども問われるさなかの買収であった。

2019年には、バイエルが動物薬事業を約8000億円で米国企業に売却。モンサント買収から低迷する株価を支えるための構造改革の一環だという。今後は医療用医薬品と農業関連に集中する方針を掲げているが、旧モンサントの農薬訴訟が劣勢で足を引っ張っている。

3 アジアの新興市場

歴史のある多国籍企業は米国やヨーロッパに本拠を置くことが多いが、今、注目すべきエリアはやはりアジアだ。

とくにASEAN（東南アジア諸国連合＝ブルネイ、カンボジア、インドネシア、ラオス、マレーシア、ミャンマー、フィリピン、シンガポール、タイ、ベトナム）は、インドネシア、ベトナムをを中心に急速に経済成長を遂げつつある。若年層の人口も多く、市場としても大きな可能性があるのだ。このASEAN10カ国にインドを加えれば、人口は約20億人。きわめて巨大な市場となる。

日本の食品企業にとって、今、こうしたアジア市場の開拓が成長の鍵を握っている。

もともと「食」は地域性が高いローカルなものだ。そこに21世紀のグローバリズムの波が押し寄せ、柔軟に変化する部分と強固に守られる部分がせめぎ合うような状況が各地で起こっている。

日本企業が海外で事業展開する形としては、海外現地法人の設立やM&A、現地企業との業務提携など条件によりさまざまだが、他産業以上にその国・地域における味の嗜好・風土・文化・宗教・政治を熟知する必要があるのに加え、グローバルリスクマネジメント体制の構築も必要になってくる。日本国内での事業とはまた大きく異なる知見や方法論が求められるのだ。

以下、ASEAN諸国の中から特徴の際立つ国を取り上げ、食品業界の新しい動きを見ていこう。

最新動向
基礎知識
歴史
主要企業
仕事人たち
業界に入るには
世界の食品企業

ベトナム

人口は約1億人。日系企業が進出するようになったのは１９９０年代以降のことになる。南のホーチミン、北のハノイを中心に、消費市場が大きく拡大している。

食に関しては、かつてフランスが宗主国だったことから、フランス料理の影響が見られる。

有力企業のベトナム・デイリー・プロダクツ（ビナミルク）は、ベトナムの乳製品を中心とした飲料メーカーで、本拠はホーチミンに置く。１９７６年に国有企業として設立され、２００３年に株式を民間に開放した。現在の外国人株主比率は上限の49%。ベトナムの国有企業民営化の成功事例と評される。

これまでにカンボジア、フィリピンといったアジア諸国に加え、イラク、クウェート、アラブ首長国連邦、オーストラリア、モルディブ、スリナム、米国といった国に製品を輸出している。また、最近では海外での生産体制を整備している。会長のマイ・キエウ・リエンはフォーブス誌が選ぶ「アジアでもっとも成功した女性経営者トップ50」（２０１３年）に選出されている。

また、マサングループは１９９６年創業の財閥系複合企業。食品・飲料を中心とする消費関連製品の生産・販売、畜産・飼料事業のほか、金融・銀行事業、資源開発事業も手がける。

とくに総合飲食分野ではシェアトップで、魚醤など各種ソースや即席めん、コーヒーなどのほとんどの領域でシェア1位、2位のポジションを占めている。飼料事業ではベトナム初の畜産バリューチェーンを構築。

日本のハウス食品とは戦略的提携関係を結んでいる。

インドネシア

人口は約2億６０００万人で世界第4位、世界最多のイスラム人口を擁する。1万８０００以上の島々と３００以上の民族から構成されている。首都ジャカルタを中心に中間層が着実に成長し、消費市場の一層の拡大が期待されている。

インドネシア料理は諸外国の影響を受け、地域差も大きい。インド、中近東、ポリネシア、メラネシアなどさまざまな影響が見られるが、スマトラのパダン料理はイスラム文化の影響を受け、肉や野菜を香辛料で煮込んだ料理が多い。一方、ジャワ料理はヒンドゥー教と仏教の影響を受けたため、肉を使う料理が少ない。テンペやナシゴレンが有名だ。

インドネシア進出日本企業は1990年代以前は味の素、1990年代にヤクルト本社、日清食品ホールディングス、カルピス、ロッテ、不二製油、敷島製パン、大正製薬、大塚ホールディングス、2000年以降は明治、森永乳業、キリン協和フーズ、サントリー、豊田通商、アサヒ、伊藤園などがある。現地企業との合弁会社設立を通した形が多く、生産で日本企業が主導的な役割を果たしている。

インドネシアで有力なのは、サリム・グループだ。インドネシアでも有数の大財閥系複合企業で、食品を中心に、農業、自動車、建設資材、インフラ、食品、投資と幅広い事業を展開している。

グループ傘下企業としては、グッドマン・フィールダー（食品製造）、インドフードCBP・サクセス・マクムール（食品製造）、ボガサリ・フラワー・ミールズ（製粉）、インドフード・サクセス・マクムール（即席めん、スナック菓子）、インドマルコ・アディ・プリマ（食品卸）などがある。

特筆すべきは、パームプランテーション、製油、砂糖、製粉、パスタ・めん、菓子と、川上から川下まで網羅した強力なサプライチェーンを構築したことだ。中でもインドフード・サクセス・マクムールは食品事業の中核企業で、即席めん85%、スナック菓子60%、ベビーフード40%など圧倒的なシェアを占める。日清オイリオなどとの提携も行っている。

タイ

人口は約6800万人で、東南アジア4位。経済規模はインドネシアに次いで2位だ。首都はバンコクで、バンコク首都圏及び隣接地区で全人口の2割を超え、GDPの半数に迫る。

歴史的には欧米の植民地化を免れ、工業国・農業国として発展してきた。日本企業との関係も深く、自動車関連企業を中心に、製造・主出の拠点となっている。一方、政治的には今も混乱が続いており、なかなか安定しない。

有力企業は、チャラワノン・ファミリーのCP（チャロン・ポカパン）グループ。広東省東部の潮州出身のタイ人、謝家（チエンワノン家）が基礎を作った複合企業である。

タイ最大のコングロマリットといわれ、食品や農業分野を中核事業として、通信、不動産分野にも精力的に進出している。ASEAN各国や中国などを中心に世界13カ国で事業展開を行う。

1989年、明治乳業（当時）と業務提携を行い、CPメイジを設立、タイにおける牛乳・乳製品の製造、販売を行っている。2014年には伊藤忠商事と対等な資本業務提携を結んだ。

現在タイは上位中所得国だが、2026年末までに高所得国になることを目指している。

タイの全世帯数に占める中間所得世帯数の割合は、2010年の69％から2015年には73％に増加しており、2020年には75％になるものと予測されている。

ミャンマー

人口は約5300万人。首都はネピドー。多民族国家で、人口の6割をビルマ族が占めている。かつてイギリスの統治下にあったが、第2次世界大戦後に独立、その後は長らく軍政が続いた。2015年の総選挙で民主化が実現し、欧米諸国の経済制裁も解除。急速に経済発展が進む「アジア最後のフロンティア」として、新しいマーケットに注目が集まっている。

日本企業はこれまで、2017年にエースコックがティラワ経済特区で稼働を開始している。日清食品は大手複合企業キャピタル・ダイヤモンド・スター・グループ傘下で小麦粉やインスタントコーヒーの製造を手がける食品会社ルビアと提携し、ミャンマー人の味覚に合わせた4製品を開発、ヤンゴン市内の工場で現地生産した。

キリンは、15年に地場最大のミャンマーブルーワリを傘下に、17年にはマンダレーブルーワリを買収し、ミャンマーの9割のシェアを獲得。味の素は、17年にうま味調味料をティラワ経済特区で生産し、順次新たな商材を投入。ヤクルト本社は、19年からヤクルトの販売を開始。この工場は、アウン・サン・スー・チー国家顧問も訪問するなど、政府要人にも注目されている。

アサヒ飲料は、14年に地場大手ロイヘン社と合弁設立し、エナジードリンク「ハニーゴールド」を展開している。大塚ホールディングスは、18年に大塚ミャンマーを設立。19年4月から主にヤンゴン、マンダレーなど経済都市に住む富裕層を中心に「ポカリスエット」を発売した。

その他の国の特徴も簡単にまとめておこう。

まず、シンガポール。国土も狭く人口は560万人と小規模だが高度に都市化し、世界的な金融センターとして機能。このため世界中から企業が集中している。近年はマーケットとしてのアジアの重要性が高まる中で、多国籍企業がアジア向けの製品、サービスのR&D施設やイノベーションセンターを設置する動きが加速している。

国民の平均年齢が若く、将来性が見込まれるのがフィリピンとマレーシアだ。

フィリピンは人口約1億500万人で、平均年齢23歳。経済的には中間層の成長により消費市場が急成長している。生活圏に密着した「サリサリストア」と呼ばれる小さな雑貨店が全国に展開され、「味の素」が直販方式で使用1回分の袋入り商品を置いていることもよく知られている。

マレーシアは人口約3200万人で、平均年齢は28歳。経済的には高・中所得国に位置付けられるが、首都クアラルンプールは都市化が進み、生活・教育水準も高い。マレーシア味の素が2019年10月、3億5000万リンギット（約91億5000万円）を投資して新工場を着工するなど、日本企業の動きも見られる。

【著者紹介】
小西 慶太（こにし・けいた）

フリーランスライター。カルチャー、歴史、教育、ビジネス分野を中心に単行本・雑誌で執筆。『産業と会社研究シリーズ　食品』（産学社）は1990年度版より執筆を担当。マイナビ、日経ナビ等で会社案内・採用ツール制作にも参加。

食品業界大研究

初版 1刷発行●2020年 1月20日

著　者
小西 慶太

発行者
薗部 良徳

発行所
㈱産学社
〒101-0061 東京都千代田区神田三崎町2-20-7 水道橋西口会館
Tel.03（6272）9313　Fax.03（3515）3660
http://sangakusha.jp/

印刷所
㈱ティーケー出版印刷

ISBN 978-4-7825- 3541-7　C0036